国家级实验教学示范中心建设成果
浙江大学农业与生物技术学院组织编写
高等院校实验实训系列规划教材

植物生物技术实验指导

Plant Biotechnology：Methods and Protocols

王学德　主编

ZHEJIANG UNIVERSITY PRESS
浙江大学出版社

图书在版编目（CIP）数据

植物生物技术实验指导/王学德主编 . —杭州：
浙江大学出版社，2015.8
ISBN 978-7-308-14865-8

Ⅰ.①植… Ⅱ.①王… Ⅲ.①植物－生物工程－实验
－高等学校－教学参考资料 Ⅳ.①Q94-93

中国版本图书馆 CIP 数据核字（2015）第 160359 号

植物生物技术实验指导

王学德　主编

丛书策划	阮海潮（ruanhc@zju.edu.cn）
责任编辑	阮海潮
责任校对	金　蕾
封面设计	续设计
出版发行	浙江大学出版社
	（杭州市天目山路 148 号　邮政编码 310007）
	（网址：http://www.zjupress.com）
排　　版	杭州中大图文设计有限公司
印　　刷	浙江海虹彩色印务有限公司
开　　本	787mm×1092mm　1/16
印　　张	8.75
字　　数	219 千
版 印 次	2015 年 8 月第 1 版　2015 年 8 月第 1 次印刷
书　　号	ISBN 978-7-308-14865-8
定　　价	25.00 元

序

　　浙江大学农业与生物技术学院有着百年发展历史。无论是在院系调整前的浙江大学农学院时期，还是在院系调整后的浙江农学院、浙江农业大学时期，无数前辈为农科教材的编写呕心沥血、勤奋耕耘，出版了大量脍炙人口、影响力大的精品。仅在1956年，浙江农学院就有13门讲义被教育部指定为全国交流讲义；到1962年底，浙江农业大学有16种教材被列为全国试用教材；1978年主编的15门教材被指定为全国高等农业院校统一教材，全校40％的教师参加了教材的编写工作；1980—1998年，浙江农业大学共出版61部教材，其中11部教材为全国统编教材。这些教材的普及应用为浙江大学农科教学在全国农学领域树立声望奠定了坚实的基础。

　　1998年，浙江农业大学回到浙江大学的大家庭，并由原来的农学系、园艺系、植物保护系、茶学系等合并组建了农业与生物技术学院，在浙江大学学科综合、人才会聚的新背景下，农业学科的本科教学得到了进一步的发展。学院实施了"名师、名课、名书"工程，所有知名教授都走进了本科课程教学的讲堂；《遗传学》、《园艺产品储运学》、《植物保护学》、《环境生物学》、《生物入侵与生物安全》等5门课程被评为国家级精品课程，《生物统计学与试验设计》被评为国家级双语教学课程，《茶文化与茶健康》、《植物保护学》已被正式列入中国大学视频公开课；2000—2010年，学院共出版教材39部，其中《遗传学》等9部教材入选普通高等教育"十一五"国家级规划教材。学院非常重视本科实验教学，建院初期就对各系（所）的教学实验室进行整合，成立了实验教学中心，负责全院的实验教学工作。经过十多年建设，中心已于2013年正式被教育部命名为"农业生物学实验教学示范中心"。目前中心每年面向农学、园艺、植保、茶学、园林、应用生物科学等10多个专业开设90门实验课程，450个实验项目。所有实验指导教师也都是来自科研一线的教师,其中具有正高职称的教师的比例接近一半,成为中心实验教学的一大亮点。

为了鼓励教师及时更新实践教学内容,将最新的学科发展融入教材,2012 年初,学院组织各个学科的一线实验指导教师编写《农业与生物技术实验指导丛书》,并邀请了多位浙江大学的著名教授和浙江大学出版社的专家进行指导,力争出版的教材能很好地反映我院多年来的教学和科研成果,争取出精品、出名品。现在丛书的首批 10 部实验教材终于陆续付梓,在此我们感谢为该丛书编写和出版付出辛勤劳动的广大教师和出版社的工作人员,并恳请各位读者和教材使用单位对该丛书提出批评意见和建议,以便今后进一步改正和修订。

浙江大学农业与生物技术学院

2014 年 6 月 24 日

前　言

生物技术被视为 21 世纪三大前沿学科之一,而植物生物技术是生物技术的一个重要分支,是生物学、农学、园艺学、林学和植物保护学等专业学生重要的专业基础课,同时,它也是一门实践性很强的学科,但目前与之配套的实验教材相对缺乏。针对这种情况,我们在总结过去教学经验的基础上,编写了这本《植物生物技术实验指导》教材,旨在实现实验课与理论教学课的紧密衔接,培养和提高学生的动手能力和自主学习能力,以及发现问题和解决问题的能力。

本教材由植物组织培养技术、植物基因工程技术、植物分子标记技术三部分实验组成。其中,第一部分的组织培养实验,介绍了培养基的配制与灭菌、外植体的灭菌与接种、愈伤组织的诱导与增殖、不定芽的分化及其植株再生、胚状体的诱导和人工种子制作、胚珠和花药培养、茎尖分生组织培养和无病毒苗的再生、原生质体分离和培养与融合等 10 个实验。第二部分的植物基因工程,因涉及面较广,共分 19 个实验,首先介绍核酸的提取技术,包括 DNA 和 RNA 的提取与质量鉴定、大肠杆菌质粒 DNA 的提取、载体和目的 DNA 的酶切与电泳回收等实验;然后介绍植物基因的分离、表达载体构建和转化,包括大肠杆菌和农杆菌感受态细胞的制备与保存、基因表达载体构建,以及农杆菌介导法、基因枪法和花粉管通道法的转基因实验;最后介绍转基因植物的检测,包括 *npt* Ⅱ、*bar* 和 *gus* 基因的检测,转基因植株的 Southern、Northern 和 Western 杂交分析等实验。第三部分的分子标记,分为 5 个实验,即随机扩增多态性 DNA(RAPD)标记、扩增片段长度多态性(AFLP)标记、简单重复序列(SSR)标记、DNA 分子标记连锁图谱的构建和数量性状位点(QTL)定位等。每个实验分别列出实验目的、实验原理、实验材料与用具、实验步骤、注意事项、实验报告及思考题等 6 个小标题,便于学生系统地理解和掌握,其中的实验原理和思考题,对于学生参加相关考试会有所帮助。全书共 34 个实验,内容较丰富,教师可根据教学计划的需要选择性地实施。

编者在编写过程中参阅了大量的专著和文献,努力运用新的资料,反映新的科研成果,并对已发现的某些相互矛盾的资料或数据作了认真订正,还兼有编者近年来从事教学与科研工作的心得与体会。

鉴于篇幅限制,书末仅列出最主要的一部分参考文献,在此特向原作者表示谢意。

植物生物技术是一个新兴的领域,发展很快,涉及许多交叉学科,由于编者业务水平有限,书中不妥之处在所难免,欢迎指正。

编　者
2015 年 4 月 5 日

目　　录

第一部分　植物组织培养技术

植物组织培养(plant tissue culture)技术是利用植物细胞的全能性,通过无菌操作,在人工控制条件下,离体植物组织或细胞(外植体)在培养基中进行离体培养以获得再生的完整植株,或加速繁育植物个体,或获得细胞代谢产物的技术,是现代植物生物技术的重要组成部分。在植物组织培养时,还可与遗传操作或基因工程(参见本书第二部分)相结合,使外植体细胞的某些生物学特性按照人们的意愿发生有用的遗传变异,从而改良品种或产品。因此,这种在细胞水平上进行遗传操作的植物组织培养技术有时也称为植物细胞工程,在农业、林业、园艺、植保等领域中具有广泛的应用。

植物组织培养技术涉及的范围和内容较广泛,依据操作流程或对象,我们将分10个实验来介绍,包括培养基的配制与灭菌、外植体表面消毒与接种、愈伤组织的诱导与增殖、不定芽的分化及其植株再生、胚状体的诱导和人工种子制作、植物胚珠培养、花药培养和单倍体植株再生、植物茎尖分生组织培养和无病毒苗的再生、植物原生质体分离和培养、植物原生质体的融合。每个实验分别列出实验目的、实验原理、实验材料与用具、实验步骤、注意事项、实验报告及思考题等六个小标题,便于学生系统地理解和掌握。

实验一　培养基的配制与灭菌

一、实验目的

掌握植物组织培养基母液的配制方法,植物组织培养常用的固体培养基的配制方法,以及培养基的高压灭菌方法。

二、实验原理

用于植物组织培养的细胞或组织(外植体),从植株(母体)上取下后,母体就不能继续为其提供营养物质,必须重新为其提供营养才能生长,这个重新提供营养的基质就是培养基(culture medium);它是模拟母体为细胞提供的各种成分而人工配制的,其成分和供应状况直接关系到植物组织培养的成功与否。因此,了解培养基的成分、特点及其配制至关重要。

培养基一般包括无机盐、有机化合物和植物激素(常用生长调节剂代替)三类成分,其生理作用主要有四方面:①成为结构物质,参与有机体的构造;②成为生理活性物质,参与活跃的生理代谢;③维持离子浓度平衡、胶体平衡、电荷平衡等电化学方面的作用;④调节形态发生和组织器官的构成。

　　配制培养基时,为了减少试剂称取时的工作量和少量称取时出现的误差,以及避免多种营养成分混合导致沉淀,或相互反应而失去培养效果,预先要将各种营养成分配制为不同组分的培养基母液。母液的浓度为培养基浓度的 10 倍、100 倍或更高。培养基的母液常常配制为大量元素(10 倍液)、微量元素母液(100 倍液)、铁盐母液(100 倍液)和有机物质母液(100倍液)(不包括蔗糖)四类。除营养成分要配制成母液外,培养基中经常附加的各种植物生长调节物质也要配成母液贮存,使用时按浓度定量吸取加入。

　　配制好的培养基含有大量杂菌,应立即进行灭菌(sterilization)。培养基灭菌方法主要有高压蒸汽灭菌和过滤除菌。培养基中遇高温不易变性的成分采用高压蒸汽灭菌,如无机盐、有机化合物等;而遇高温易变性的成分则采用过滤除菌,如某些植物生长调节剂等。高压蒸汽灭菌常用手提式高压蒸汽灭菌锅或自动蒸汽灭菌锅(图 1-1A)来完成,过滤除菌采用滤膜孔径为 $0.22\sim0.45\mu m$ 的滤器(图 1-1B)来完成。

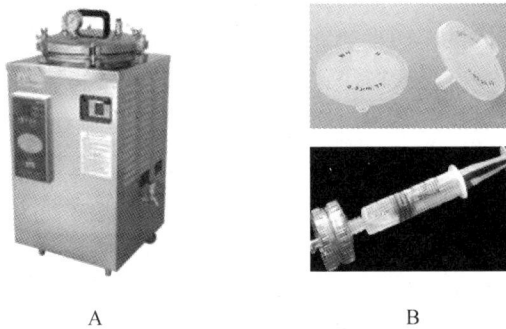

A　　　　　　　　　　　　　　　　　B

图 1-1　蒸汽灭菌锅(A)和过滤灭菌器(B)

　　不同的培养基具有不同的特点,也就适合于不同的植物种类、组织细胞、细胞脱分化和再分化。目前,人们已经发现了多种培养基,其中 MS 培养基适合于大多数双子叶植物,B5 和N6 培养基适合于许多单子叶植物,特别是 N6 培养基对禾本科植物(如小麦、水稻等)较有效,White 培养基适于根的培养。本实验以 MS 培养基为例介绍培养基的配制与灭菌。

三、实验材料与用具

　　1.药品:配制 MS 培养基所需的各种成分见表 1-1 所示。

　　2.仪器:电子天平、灭菌锅、超净工作台、pH 仪、搅拌器、加热器(微波炉)、纯水器、冰箱等。

　　3.器具:移液器、酒精灯、镊子、烧杯、量筒、玻璃棒、吸耳球、试剂瓶、试管、培养器皿、封口膜(或棉塞和牛皮纸)、脱脂棉、线绳(或橡皮筋)、微孔滤膜($0.22\sim0.45\mu m$)、过滤器、注射器。

四、实验步骤

(一)MS 培养基母液的配制

　　培养基一般需要分别配制大量元素、微量元素、铁盐、有机物质的母液,以及植物生长调节物质的母液。以 MS 培养基为例,各种母液的成分、浓度、用量和保存方法等,可参照表 1-1和表 1-2。具体配制方法如下:

　　1.大量元素母液的配制:按照表 1-1 中的大量元素母液的配方,分别称取 10 倍用量的 5

种大量元素的无机盐,分别溶解,然后按表中的顺序混合在一起,最后加水定容至1000mL,装入棕色试剂瓶中,贴好标签(母液类别、配制倍数、日期),置冰箱内冷藏保存备用。请注意,在混合定容时,应该最后加入氯化钙,因为氯化钙与磷酸二氢钾能形成难溶于水的沉淀。

表 1-1　MS 培养基母液的配制

母液类别	成分	规定量 (mg)	称取量 (mg)	母液体积 (mL)	配1L培养基的 吸取量(mL)	保存方法
大量元素母液 (10 倍)	KNO_3	1900	19000	1000	100	冷藏
	NH_4NO_3	1650	16500			
	$MgSO_4 \cdot 7H_2O$	370	3700			
	KH_2PO_4	170	1700			
	$CaCl_2 \cdot 2H_2O$	440	4400			
微量元素母液 (100 倍)	$MnSO_4 \cdot 4H_2O$	22.30	2230	1000	10	冷藏
	$ZnSO_4 \cdot 7H_2O$	8.6	860			
	H_3BO_3	6.2	620			
	KI	0.83	83			
	$NaMoO_4 \cdot 2H_2O$	0.25	25			
	$CuSO_4 \cdot 5H_2O$	0.025	2.5			
	$CoCl_2 \cdot 6H_2O$	0.025	2.5			
铁盐母液 (100 倍)	$Na_2EDTA \cdot 2H_2O$	37.25	3725	1000	10	冷藏
	$FeSO_4 \cdot 7H_2O$	27.85	2785			
有机物母液 (100 倍)	甘氨酸	2.0	100	500	5	冷藏
	盐酸硫胺素	0.4	20			
	盐酸吡哆醇	0.5	25			
	烟酸	0.5	25			
	肌醇	100	5000			

2.微量元素母液的配制:按照表 1-1 中的微量元素母液的配方,分别称取 100 倍用量的 7 种微量元素的无机盐,分别溶解,然后按表中的顺序混合,最后加水定容至1000mL,装入棕色试剂瓶中,贴好标签,置冰箱内冷藏保存备用。

3.铁盐母液的配制:按照表 1-1 中的铁盐母液的配方,分别称取 100 倍用量的硫酸亚铁和乙二胺四乙酸二钠,分别溶解,混合,加水定容至1000mL,装入棕色试剂瓶中,贴好标签,置冰箱内冷藏保存备用。

4.有机物母液的配制:按照表 1-1 中的有机物质母液的配方,分别称取 100 倍用量的 5 种有机物质,分别溶解,然后按表中的顺序混合,最后加水定容至 500mL,装入棕色试剂瓶中,贴好标签,置冰箱内冷藏保存备用。

5.激素(生长调节剂)母液的配制:植物组织培养中用的激素,常用植物生长调节剂代替。

生长素类的生长调节剂，如 IAA、IBA、NAA 和 2,4-D，可先用少量 95% 酒精溶解，再用水定容；细胞分裂素类的生长调节剂，如 KT、ZT 和 6-BA，可用少量 1mol/L NaOH 溶液溶解，再加水定容。配制好的溶液装入试剂瓶或试管中，需过滤除菌的溶液利用无菌滤器抽滤除菌到无菌试管或试剂瓶中（在瓶上应注明溶液种类、浓度、日期），置冰箱内冷藏或冷冻保存备用。IAA、IBA 和 ZT 溶液应避光保存。具体的配制、保存与灭菌方法见表 1-2 所示。

表 1-2　激素（生长调节剂）母液的配制与保存

类别	名称	相对分子质量	试剂保存方法	溶解方法	高压灭菌	母液保存方法
生长素	IAA	175.19	冷冻	95% 乙醇	可以，但有部分分解	冷冻避光
	IBA	203.23	冷藏	95% 乙醇	可以，但有部分分解	冷冻避光
	NAA	186.21	室温	95% 乙醇	可以	冷藏
	2,4-D	221.04	室温	95% 乙醇	可以	冷藏
细胞分裂素	KT	215.21	冷冻	1mol/L NaOH	可以	冷藏
	ZT	219.20	冷冻	1mol/L NaOH	不可以，需过滤除菌	冷冻避光
	6-BA	225.25	室温	1mol/L NaOH	可以	冷藏
其他	GA$_3$	346.38	室温	95% 乙醇	不可以，需过滤除菌	冷藏
	ABA	264.32	冷冻	1mol/L NaOH	可以，但有部分分解	冷冻避光

表 1-2 中的母液是为配制不同培养基准备的，不同培养基所需的激素种类有所差异，可根据培养基配方中所指定的激素，从冰箱内取出按量加入到培养基中。发现母液中有真菌或沉淀时，应该重新配制。

（二）MS 固体培养基的配制、分装和灭菌（以配制 1000mL 培养基为例）

1. 准备：取出所需的各母液，并按顺序放好。冷冻的贮藏液融化待用。将洁净的各种器皿，如量筒、烧杯、移液管、移液枪和玻璃棒等，放在合适位置。

2. 配制基本培养基：取一只 1L 烧杯，放入约 500mL 蒸馏水，依次加入大量元素母液 100mL、微量元素母液 10mL、铁盐母液 10mL 和有机物质母液 5mL，并不断搅拌。

3. 加激素：根据培养基配方加入激素（不加过滤除菌的激素）和 30g 蔗糖，待蔗糖溶解后，加蒸馏水定容至 1000mL。

4. 加琼脂：通常在 1L 培养基中加 5～7g 琼脂，加热使其完全溶解。

5. 调整 pH：用预先配好的氢氧化钠或盐酸调整 pH 值至 5.8 左右。

6. 分装：将培养基分装到培养器皿中，封好瓶口。培养器皿加入培养基的量依其大小而定，如 150mL 培养瓶可加入约 50mL 培养基。

7. 灭菌：上述配制好的培养基，用高压蒸汽灭菌锅在 121℃ 和 0.105MPa 条件下灭菌 20min。高压蒸汽灭菌锅的操作按仪器操作步骤进行（操作说明应贴在高压锅旁边的墙上）；灭菌后待高压锅压强下降到 0Pa 时取出培养基，置于台面上（根据需要可直立或倾斜放置），室温凝固后待用。若需加入过滤除菌的激素，则将培养基温度降至 40～50℃，在超净工作台上将其加入，充分混合后静置凝固。

8. 培养基存放：灭菌后的培养基，一般不马上使用，而是预培养 3d 后，若没有被菌污染，才使用。配制好的培养基可放在洁净、无灰尘、遮光的环境中进行贮存。贮存时间不宜过长，一般情况下，应在 2 周内用完。含有生长调节物质的培养基最好能在 4℃低温保存，效果更理想。

五、注意事项

1.配制母液时，需要分别将各种试剂溶解后再混合在一起定容。

2.配制激素母液时，一定要用相应的助溶剂助溶后再加水定容，否则很难溶解。

3.配制培养基时，要将 pH 值调至 5.8 左右。如果培养基过酸，灭菌后不易凝固；如果培养基过碱，灭菌后培养基过硬，将来不利于植物材料的生长。

4.使用高压蒸汽灭菌锅时应注意以下几点：①灭菌前应检查锅内是否加有足够的水，以免造成干烧；②装锅不可过满，锅内应具有一定的空间，有利于蒸汽上下回流，保证灭菌效果；③严格保持压力恒定，遵守灭菌时间，灭菌时间过长或压力过高会影响培养基的有效性，同时也使培养基发生较大幅度变化；灭菌时间过短或压力过低则达不到灭菌效果；④只有当高压锅压强下降到 0Pa 后，才能开启压力锅，以免产生危险。

六、实验报告和思考题

1.分组进行培养基母液的配制，然后每人配制 5 瓶 MS 基本培养基。记录配制过程，计算各母液的用量。

2.培养基的各种成分对外植体培养的生理作用是什么？

3.培养基在制备过程中应注意哪些问题？

4.使用高压灭菌锅进行培养基灭菌时应注意哪些事项？

5.培养基配好后，为什么必须立即灭菌？如何检查灭菌后的培养基是无菌的？

实验二 外植体的灭菌和接种

一、实验目的

通过外植体(explant,用于组织培养的植物细胞或组织)表面的灭菌处理,以及在超净工作台上进行外植体接种等无菌操作,掌握外植体灭菌的方法和接种的技术,并建立初代培养物。

二、实验原理

植物组织培养过程中,外植体带菌引起的污染是造成组织培养失败的主要原因之一。

从田间或温室中选取的外植体,都不同程度地带有各种微生物。这些微生物一旦带入培养基,便会迅速生长,造成培养基和培养材料的污染。因此,对外植体所带的杂菌必须进行杀灭,从而实现无菌。

在实验中,要根据外植体的特点,选择合适的灭菌剂的种类、浓度和处理时间,对外植体进行灭菌。常用的灭菌剂处理浓度和处理时间见表1-3所示。灭菌后的外植体必须置于无菌条件下;如在超净工作台中,接种到无菌培养基上。而且,其他所用的器具、器皿和器械等也必须是无菌的。接种在培养基上的外植体需放在适宜的光照、温度、湿度的培养室里,使之生长,便可建立初代培养物。

表 1-3 常用外植体灭菌剂

名称	使用浓度(%)	清除难易	灭菌时间(min)	灭菌效果
次氯酸钠	2	易	5~30	很好
次氯酸钙	9~10	易	5~30	很好
漂白粉	饱和溶液	易	5~30	很好
过氧化氢	10~12	最易	5~15	好
溴水	1~2	易	2~10	很好
氯化汞	0.1~1	较难	2~15	最好
酒精	70~75	易	0.2~2	好
抗生素	4~50mg/L	较易	30~60	较好
硝酸银	1	较难	5~30	好

三、实验材料与用具

1. 材料:植物的茎、叶、种子等。
2. 药品:灯用酒精、70%乙醇、2%次氯酸钠、吐温-20(Tween-20)、无菌水等。

3.培养基:适合于接种外植体的培养基,本实验采用 MS 培养基(配制方法见实验一)。

4.用具:超净工作台、培养箱、培养皿、棉塞、牛皮纸、烧杯、镊子、解剖刀、剪刀、酒精灯、记号笔、废液罐、培养基器皿(内装配制好的培养基)、火柴、脱脂棉等。

四、实验步骤

以烟草茎尖作为外植体为例。

1.超净工作台用 70% 的酒精擦拭干净,将镊子、解剖刀、剪刀等接种工具浸入 70% 酒精中,再将培养基、无菌水、培养皿、棉塞、牛皮纸、棉线、酒精灯、废液缸等用品一同放入超净工作台中。打开超净工作台的紫外灯进行灭菌处理 15min。

2.超净工作台鼓风机打开 10min 后可进行无菌操作。

3.手用肥皂洗净,以 70% 酒精棉擦拭一遍。

4.取用水冲洗干净的烟草茎尖,在 70% 乙醇中浸泡 30s,然后用无菌水冲净,再用 2% 次氯酸钠浸泡 30s,用无菌水冲洗 3 遍后置于培养皿中。

5.将接种需要的镊子、解剖刀用酒精灯烧至无菌,冷却备用。然后在无菌培养皿内把茎尖剥出来。再用镊子将材料迅速正向插入培养基中,在酒精灯上烧一下瓶口,塞上棉塞,包上牛皮纸,用棉线捆紧,并标记好材料名称、接种日期等。

6.将接种好的材料,放置于温度 23～28℃、照度 1000～5000lx、光照时间每天 16～18h 的培养箱或培养室中进行培养。随着培养组织的不断生长和细胞分裂,7d 左右即可看到从外植体上长出的幼叶边缘膨大,15～20d 便可看到有绿色不定芽,从而建立起初代无菌培养物。

五、注意事项

1.要保证整个操作过程在无菌条件下进行。

2.对外植体材料进行表面灭菌,所用灭菌剂种类、浓度和处理时间,要根据材料的带菌情况、材料对灭菌剂的敏感程度及灭菌效果、材料类型及老嫩程度,通过试验优化。如果灭菌过度,容易把材料杀死;如果灭菌不够,容易导致一些菌的生长造成污染。为了使植物表面灭菌彻底和均匀,可以在灭菌溶液中滴加几滴吐温,搅拌,使植物材料和灭菌溶液充分接触。

3.培养室整体环境要保持清洁,保证适宜的光照、温度和湿度等。对于初代培养来说,即使对外植体进行了表面消毒,培养过程中有杂菌产生仍是难免的。为了提高无菌材料培养的获得率,减少工作量,初次接种可采用大量小试管将材料分散接种,即每管只接 1 块材料而不放 2 块以上的材料。对于污染严重的外植体材料,初代培养获得的无菌材料往往不多,但一旦得到无菌材料,如果它们生长增殖,便可通过继代培养,建立无菌培养系。

六、实验报告及思考题

1.每人在 5 瓶 MS 培养基(来自实验一)中接种外植体,每瓶接种 10 个外植体;置培养室中培养,10d 后统计污染率。

$$污染率=污染的外植体数/总接种外植体数×100\%$$

2.植物材料灭菌时常用哪些灭菌剂?它们的灭菌效果有哪些差异?

3.如何判断接种的材料有无污染?

实验三　　愈伤组织的诱导与增殖

一、实验目的

掌握诱导外植体形成愈伤组织的方法，以及愈伤组织继代培养与增殖的方法。

二、实验原理

愈伤组织原来是指植物受伤后在伤口表面形成的一团薄壁细胞；然而，在植物组织培养概念中，愈伤组织是指外植体中的活细胞经诱导恢复其潜在的全能性，转变为分生细胞，继而衍生出的无组织结构的薄壁细胞团（图1-2）。因此，这种已分化的细胞经诱导而形成愈伤组织的过程，被称为脱分化。从植物组织细胞经离体培养所产生的愈伤组织，在一定条件下可进一步诱导其细胞重新分化形成各种器官，即植株的再生，该过程称为再分化。例如，在单倍体细胞培养中，可由花粉产生的愈伤组织或胚状体分化成单倍体植株；甚至，在原生质体培养中，可由原生质体经愈伤组织的诱导而分化成植株。大多数植物组织细胞都需要经过愈伤组织诱导与分化才能再生成植株。故愈伤组织的概念已不局限于植物体创伤部分的新生组织了。

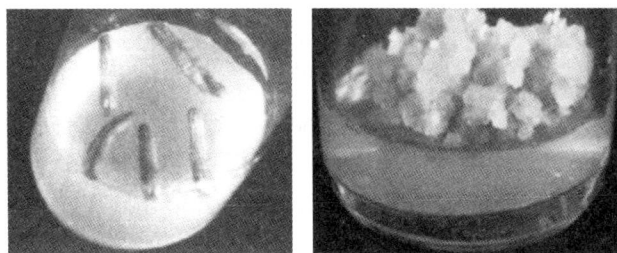

图1-2　植物外植体（左）和愈伤组织（右）

在植物组织培养中，诱导外植体形成愈伤组织，通常使用植物激素来实现。而植物激素一般用生长调节剂（类似植物激素的人工合成的化合物）来代替，例如，NAA、2,4-D等是生长素类的生长调节剂，KT、6-BA等是细胞分裂素类的生长调节剂。其中，2,4-D是诱导外植体形成愈伤组织的常用生长调节剂。

植物愈伤组织形成后，一般需要继代培养，即愈伤组织在原来培养基上培养一段时间后转接到新的培养基上继续培养。理由有两方面，一是在原来的培养基上长时间培养愈伤组织，会由于培养基中营养不足或有毒代谢物的积累，导致愈伤组织停止生长，甚至老化、变黑、死亡；二是经过继代培养，可达到增殖愈伤组织的目的，例如，定期地（2～4个星期）将愈伤组织切成小块接种到新鲜的培养基上培养，使愈伤组织既能保持长期的旺盛生长，又能扩增愈伤组织。

三、实验材料与用具

1. 材料：烟草无菌苗或盆栽苗。

2. 药品：0.1％氯化汞、70％乙醇、无菌水、吐温-20(Tween-20)。

3. 培养基：愈伤组织诱导培养基(MS 基本培养基＋1mg/L 2,4-D＋0.1mg/L KT＋8g/L 琼脂，其配制方法见实验一)。

4. 用具：超净工作台、培养箱、无菌吸水纸、一次性手套、标签纸、记号笔、酒精灯、烧杯、镊子、剪刀、解剖刀、培养皿、三角瓶、脱脂棉、火柴、线绳等。

四、实验步骤

1. 接种前，用70％乙醇棉球擦拭超净工作台台面，将培养基及接种用具放入超净工作台台面，打开超净工作台紫外灯，照射 20～30min，之后关闭紫外灯，然后开送风开关，通风20min 后再开日光灯即可进行外植体的消毒和接种等无菌操作。

2. 如果采用烟草盆栽苗，首先进行灭菌操作。取新鲜幼嫩的烟草叶片，用自来水冲洗干净，用70％乙醇溶液浸泡 30s 后，移入添加 1～2 滴吐温-20 的 0.1％氯化汞溶液中分别浸泡 5min，10min 和 15min。用无菌水洗涤 4 次，置于经灭菌处理的培养皿中，并用无菌纸吸干水分。用镊子、剪刀和解剖刀，将烟草叶片剪(切)成 1cm×1cm 大小小片。以上操作都要求在酒精灯火焰旁边进行。如果采用的是无菌苗可以直接进行剪切，省去了灭菌的步骤。

3. 用镊子将烟草叶片(切片)接种至愈伤组织诱导培养基的表面，并用镊子轻轻向下按一下，使切片部分进入培养基。在每个培养皿中接种 3～4 切片，封口后，贴上标签，注明姓名、接种日期、培养基的名称和材料的名称。

4. 将上述接有烟草叶片的培养皿置于培养箱中或组织培养室内进行暗培养，培养温度 25℃。

5. 每隔一段时间(2～5d)，观察和记载愈伤组织在外植体上形成的情况，如愈伤组织的生长量、愈伤组织的颜色和污染等情况。

6. 将诱导形成的愈伤组织从外植体上小心分离，转到新鲜的培养基上，经过 5～7 次继代培养(每 2～4 周继代一次)，可获得生长迅速、质地疏松的烟草愈伤组织。诱导的愈伤组织有多方面的用途，如原生质体的制备和细胞融合、细胞大量培养与次生代谢产物的生产、细胞的遗传转化、植株的再生、种质资源的保存、细胞的生理生化研究等。

五、注意事项

1. 氯化汞($HgCl_2$)为剧毒性药物，需要现配现用，使用时要小心。

2. 植物生长调节剂是诱导愈伤组织形成的极为重要的因素，一般要设置一定的浓度梯度，以寻找最佳浓度。

3. 外植体在培养基上的放置形式对愈伤组织的诱导至关重要。如果叶片平放在培养基上，大部分叶片在 7d 左右就开始变黄死亡，只有少数能成活。接种时将叶片竖起插在培养基上就能克服上述问题，提高诱导率；但也不要插入过深或过浅。

4. 培养过程如果有的培养物被微生物污染，应当马上将其清理，以免影响其他培养物。

六、实验报告及思考题

1. 观察外植体在接种后产生愈伤组织的情况,包括愈伤组织出现前后外植体的形态变化、愈伤组织出现的时间、颜色和质地等。按下面公式计算愈伤组织诱导率:

$$愈伤组织诱导率 = 形成愈伤组织的材料数/总接种材料数 \times 100\%$$

2. 设计单因素实验、双因素实验或正交实验,分析生长调节剂(如 2,4-D、NAA、6-BA)浓度、蔗糖浓度、外植体类型对愈伤组织诱导率、愈伤组织生长的影响。设计实验确定愈伤组织诱导最佳培养基和最佳外植体。

3. 影响愈伤组织诱导和分化的主要因素有哪些?

实验四　不定芽的分化及其植株再生

一、实验目的

了解外植体不定芽分化及完整植株形成的原理,掌握植株再生的诱导方法。

二、实验原理

植物离体培养时,因植物种类、外植体类型、培养基成分和培养方法的不同,不定芽的分化一般可分为直接不定芽分化和间接不定芽分化。直接不定芽分化是指不经过愈伤组织阶段直接从外植体分化出不定芽,再将芽苗转移到生根培养基中,经培养获得完整植株的过程;间接不定芽分化是指外植体先经过脱分化产生愈伤组织,再分化形成不定芽和不定根的过程。有时将从愈伤组织途径再生不定芽的方式称为器官发生型,将外植体直接再生不定芽的方式称为器官型。

其中,器官型的特点是繁殖率高,遗传稳定性好,可作为快速繁殖和研究器官建成规律的一条重要途径,同时对于体细胞诱变育种和转基因研究等具有重要意义,但繁殖速度较慢。其不定芽形成的技术关键是要满足外植体对营养条件的要求,并控制好激素浓度,避免愈伤组织发生。本实验以烟草、百合的叶(鳞)片组织为材料,学习和掌握通过器官型诱导不定芽再生成完整植株的方法。

三、实验材料与用具

1. 材料:新鲜的烟草幼叶、百合鳞片。

2. 药品:MS 基本培养基、琼脂、70%酒精、灯用酒精、0.1%氯化汞、15%次氯酸钠、无菌水。

3. 培养基:

(1)烟草叶片诱导芽培养基(Y1):MS+0.5mg/L 6-BA+0.1mg/L NAA+0.1mg/L IBA+6g/L 琼脂。

(2)烟草小苗继代培养基(Y2):MS+1mg/L 6-BA+0.05mg/L NAA+0.05mg/L IBA+6g/L 琼脂。

(3)烟草生根培养基(Y3):MS+3mg/L NAA+6g/L 琼脂。

(4)百合鳞片不定芽诱导培养基(B1):MS+2mg/L 6-BA+0.5mg/L NAA+6g/L 琼脂。

(5)百合不定芽增殖培养基(B2):MS+1mg/L 6-BA+0.1mg/L NAA+0.05mg/L IBA+6g/L 琼脂。

(6)百合生根培养基(B3):MS+0.1mg/L NAA+6g/L 琼脂。

4. 用具:超净工作台、光照培养箱、人工气候箱。高压蒸汽灭菌锅、酸度计、天平、酒精灯、解剖刀、剪刀、镊子、试管、培养皿、三角瓶、烧杯、移液管、量筒、酒精缸、玻璃记号笔、封口膜、脱脂棉、火柴、加盖小烧杯、废液杯、无菌滤纸、线绳。

四、实验步骤

1.外植体制备和灭菌:选取生长健壮、无病虫害的烟草伸展幼叶,或外形较大、饱满、颜色纯白、健壮无病虫害的百合鳞片(剥去外部干皮或破损的鳞片),用自来水冲洗干净,用滤纸吸干。在超净工作台上将叶片或鳞片先用70%酒精浸泡30s,再用0.1%氯化汞溶液浸泡5~10min,或在15%次氯酸钠溶液中浸泡10~15min(浸泡过程中摇动3~4次),然后用无菌水冲洗3~5次,以彻底清除残留在外植体表面上的药液。将外植体置于无菌培养皿内的滤纸上,并加少量无菌水以防叶片组织干化。

2.接种、培养与观察:将灭菌后的烟草叶片或百合鳞片切成0.5mm见方的小块,接种于Y1或B1诱导培养基上。将接有外植体的培养皿置于光照培养箱中或组织培养室内进行培养,培养温度23~25℃,光照度1500~2000lx,每天光照9~10h。每隔3~7d观察一次,剔除污染,并记录外植体不定芽分化的诱导率和不定芽数量。

3.继代和增殖培养:丛生芽形成后,切割丛生芽并转移到Y2继代培养基或B2不定芽增殖培养基中,培养20~30d后,可获得大量丛生苗。

4.生根培养:当丛生苗高2cm左右时,切取无根苗移到Y3或B3生根培养基上,可形成根系。约7~8d后,外植体从其基部产生白色的根,即形成完整的植株。

5.再生植株移栽:当试管苗生长至5~6cm高时,放在室外光线较明亮的地方,闭瓶炼苗2~3d,然后开瓶炼苗2~3d,让植株经受自然环境锻炼后取出,洗去根部残留的培养基,种植于经过灭菌的珍珠岩、泥炭土和菜园土等量混合的基质中,在温室中进行良好的栽培管理,以提高成活率。

五、注意事项

1.外植体插入培养基不要插入过深,避免影响植株生长;也不要过浅,以免植株倒斜,影响养分的吸收。

2. 对于一些含酚类物质较多的植物,可以采用以下措施来防止褐变和有害物质的积累:

(1)在培养基中加入适量活性炭(0.5%~1%),可以吸附部分有害物,降低酚类物质的不利影响。

(2)向培养基中加入抗变色剂,如5% H_2O_2,0.2~0.4mg/L维生素C,0.7% PVP(聚乙烯吡咯烷酮)等。

(3)降低培养室的光强度,可以降低酚类物质的氧化速度。

六、实验报告及思考题

1.每人接种5瓶烟草叶片或百合鳞片并进行培养,观察外植体形成不定芽及其在继代培养基和生根培养基中发育成小植株的全过程,并记录。

(1)根据外植体产生不定芽的数量、长度和粗细计算其诱导率。

$$诱导率 = 生芽外植体数/总接种外植体数 \times 100\%$$

(2)计算完整植株的再生率。

$$再生率 = 生芽、生根外植体数/总接种外植体数 \times 100\%$$

2.影响外植体产生不定芽和不定根的因素有哪些? 如何提高诱导率?

3.当再生苗从培养基中移植到土壤中时,采用哪些措施可提高其成活率?

实验五　胚状体的诱导和人工种子制作

一、实验目的

掌握植物胚状体诱导和植物人工种子制作的原理及其基本操作过程。

二、实验原理

在正常情况下,植物发育到一定阶段,精子与卵子结合形成合子,合子进一步发育成胚,再经发育成为植株,是有性生殖过程。在植物组织培养中,离体培养的细胞,未经过有性生殖过程,也可被诱导直接形成类似胚胎的结构——胚状体(embryoid,图 1-3),是一种体细胞胚(somatic embryo)。胚状体发育早期区别于不定芽发育(见实验四)的决定性特征是它具有两极,既有生长点也有根原基。所以通过这种途径进行繁殖效率较高,有时从一块愈伤组织可以产生数百个胚状体和小植株,而且这些植株很少发生变异。

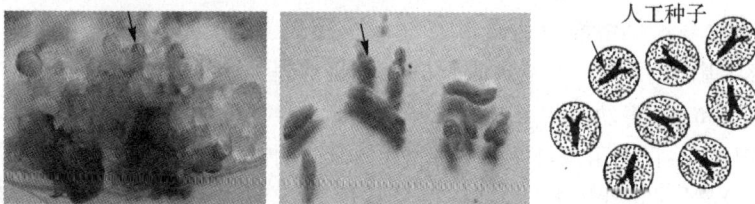

图 1-3　植物组织培养产生的胚状体(箭头所示)及其人工种子

植物激素,特别是生长素和细胞分裂素,是诱导胚状体发生的关键因子。其中,生长素的诱导效果较好,约 60％的植物胚状体诱导均使用生长素类的生长调节剂,如 2,4-D、NAA 和 IAA。其次,细胞分裂素(如 6-BA 和 KT)在胚状体发生中也被证明是有作用的,可单独使用,也可与生长素共同使用。当然,用组织培养技术诱导胚状体发生,除了激素外,还受其他多种因子的影响,如植物的基因型及其生理状态、光质、碳源、培养方式以及培养基中不同离子的浓度等。因此,需要做预备试验,只有各种因子配合适当,才能快速、高效地诱导出胚状体。

植物胚状体可被制成人工种子(artificial seed)。通常,人工种子是指将植物细胞经离体培养产生的胚状体包埋在含有养分和具有保护功能的人工胚乳和种皮中形成的能够发芽出苗的颗粒体,也可将不定芽、腋芽、茎节段、原球茎等进行包埋制成人工种子(图 1-3)。前者称体细胞胚人工种子,后者称非体细胞胚人工种子。这种技术在植物快速繁殖、固定杂种优势和基因工程等方面,具有良好的应用前景。与天然种子由合子胚、胚乳和种皮构成类似,完整的人工种子由胚状体、人工胚乳和人工种皮三部分组成。人工种子的制作主要包括外植体的选取、胚状体的诱导、胚状体的同步化和人工种子的包埋等步骤。胚状体的同步化与人工种子的外观大小和形态,以及播种品质的一致性关系密切。人工种皮一直是人工种子研究的热点之一;目前,海藻酸钠因具有生物活性、无毒、成本低、可防止机械碰伤、工艺简单等优点而被广泛用于人工种皮的制作。包埋人工种子的方法主要有液胶包埋法、干燥包裹法和水凝胶法。在多种水凝胶中,以海藻酸钠来包埋的离子交换法应用最广。

三、实验材料与用具

1. 材料:胡萝卜种子。

2. 药品:MS 基本培养基、各激素母液、琼脂、海藻酸钠、$CaCl_2$、活性炭、酒精、次氯酸钠、蔗糖、无菌水。

3. 培养基:

(1)愈伤组织诱导培养基(S1):MS+2mg/L 2,4-D+20g/L 蔗糖+6g/L 琼脂。

(2)愈伤组织悬浮培养基(S2):MS+2mg/L 2,4-D+20g/L 蔗糖。

(3)胚状体诱导培养基(S3):MS+20g/L 蔗糖。

4. 仪器:超净工作台、高压蒸汽灭菌锅、恒温光照培养箱、电子天平等。

5. 用具:酒精灯、解剖刀、镊子、三角瓶、培养皿、烧杯、滴管、移液枪、量筒、记号笔、封口膜、脱脂棉、火柴、小烧杯、废液杯、无菌滤纸、线绳等。

四、实验步骤

1. 外植体的选择与处理:在超净工作台上,将胡萝卜自然种子在 70% 酒精中浸泡 5min。然后在 10% 饱和次氯酸钠溶液中消毒 20～30min,用灭菌蒸馏水冲洗 3～5 次,将种子接种在含有 1/4MS 培养基(浓度为 1/4 不含激素的 MS 培养基)上发芽。播种后第 4～7 天种子萌发,当幼苗长至 1cm 时,将幼苗的下胚轴或子叶剪成 2～4mm 小段。

2. 愈伤组织诱导:在无菌条件下将外植体(切段)接种到 S1 培养基上,在 25℃ 恒温培养箱中进行暗培养。经过约 30d 培养后,可获得呈黄色、比较疏松、分散性好、生长旺盛的愈伤组织。需要时,可进行继代培养,为制备较多人工种子做准备。

3. 胚状体诱导:当愈伤组织呈现松散、生长速度较快时,将愈伤组织悬浮在 S2 液体培养基上,25℃ 恒温光照培养箱中进行光照(2000～3000lx)培养。每个星期继代一次,并除去大的愈伤组织块,直到形成非常均匀的细胞系。然后,在去掉激素的 MS 液体培养基(S3)上悬浮培养,很快形成大量胚状体。

4. 包埋:当胚状体长到一定程度时,用直径为 2mm 尼龙网过滤筛选胚状体,以获得介于 0.6～2mm 之间的胚状体用于包埋。将用过滤筛选的胚状体悬浮在含 MS、活性炭、防腐剂及 15% 海藻酸钠凝胶中。用直径为 4～6mm 的滴管或移液枪将含有胚状体的凝胶滴入 11.1% 的 $CaCl_2$ 溶液中固化成球,用无菌水冲洗后晾干,即为人工种子。

5. 发芽试验:将制成的人工种子播种在发芽培养基(1/4MS)上或在湿润的滤纸上进行发芽,发芽后幼苗移栽到温室。

五、注意事项

1. 外植体接种 1 周后,伤口处开始膨大,并脱分化长出愈伤组织。诱导出的愈伤组织依其质地上的差异可分三类:第一类呈水渍状,透明,质地松散;第二类为黄绿色,块状,质地密实;第三类为淡黄色,颗粒状,质地紧实。第一、二类为非胚性愈伤组织,第三类为胚性愈伤组织;显然,第三类愈伤组织进行胚状体的诱导为最佳选择。

2.用于包埋的胚状体大小要适中。如胡萝卜,胚状体长度为 2mm 时进行包埋较适宜。若用于包埋的胚状体过小,则人工种子发芽慢,且不整齐;若用于包埋的胚状体过大,则本身已发芽。在诱导植物胚状体过程中,可用体视显微镜观察胚状体发生的各个阶段的形态变化。

3.海藻酸钠浓度低于 15g/L 时,用氯化钙进行离子交换时难以形成颗粒状小球;当海藻酸钠浓度大于 20g/L 时,随着浓度的提高,人工种子的发芽率和发芽后的成株率都急剧下降。

六、实验报告及思考题

1.每人接种 3 瓶胡萝卜外植体,每瓶接种 10～20 个,根据需要定期进行继代和诱导,实验结束后统计胚状体诱导率、人工种子萌发率和成株率。

$$胚状体诱导率＝胚状体数／愈伤组织数×100\%$$

$$人工种子萌发率＝发芽的种子数／播种的种子数×100\%$$

$$人工种子成株率＝发芽并长根的种子数／播种的种子数×100\%$$

2.如何提高胚状体的诱导率? 胚状体如何同步化培养?

3.体细胞胚状体与合子胚有何不同?

实验六　植物胚珠培养

一、实验目的

熟悉和掌握胚珠培养的操作流程,观察和记载外源激素对胚珠生长发育的影响。

二、实验原理

胚珠具有生长发育形成幼苗的能力,培养未受精胚珠可获得单倍体植株,培养受精胚珠可用于远缘杂种胚的拯救。另外,胚珠培养在胚培养中也显得很重要,因为处于早期的胚很小,分离和培养都比较困难,可以采用胚珠培养来观察和研究胚的生长与发育;如将胚珠从植株上分离出来,在人工控制的条件下进行离体培养,促进原胚继续胚性生长,使幼胚发育成熟,从而获得完整植株。在胚珠培养时,也容易从外植体上长出愈伤组织,这些愈伤组织可能来自幼胚,也可能来自珠心组织。因此,在胚珠培养时可通过调节培养基成分及其培养条件,来调控胚珠各种组织细胞的生长和发育。例如,通过棉花胚珠培养,可连续观察胚珠表皮细胞的分化,以及纤维生长与发育的动态变化。

棉花纤维是由棉花胚珠外珠被表皮细胞分化而来的单细胞,纤维发生与发育可分为四个阶段,即起始、伸长(初生细胞壁合成)、次生细胞壁合成和脱水成熟。其中,起始阶段表皮细胞突起不但与皮棉产量相关,也与纤维最终长度等品质相关。因为研究纤维生长与发育的重要性对于棉花而言更显突出,所以利用胚珠培养的方法,人为调节各种培养条件或各种因素,如激素、光、温度等条件,避免田间自然条件的复杂影响,可使研究更趋精确。

三、实验材料与用具

1. 材料:从棉花植株上取下的自交或杂交后一天的子房(幼龄)。
2. 药品:乙醇、0.1%氯化汞、无菌水,以及棉花胚珠培养基中的各种成分(表 1-4)、葡萄糖、果糖、GA_3 和 IAA。
3. 仪器:超净工作台、高压蒸汽灭菌锅、酸度计、天平、冰箱、培养箱、显微镜(带目镜测微尺)等。
4. 用具:酒精灯、解剖刀、剪刀、镊子、培养皿、三角瓶、烧杯、移液管、量筒、记号笔、封口膜、火柴、废液杯、无菌滤纸、脱脂棉、线绳、微孔滤膜(0.22~0.45μm)、过滤器、注射器。

四、实验步骤

1. 培养基的配制:所用培养基为 BT 培养基(Beasley 和 Ting,1973),配方如表 1-4 所示,其中,母液 5 用棕色瓶装,母液 7 置于冰箱中。在配制培养基时,按照比例量取所需要的母液,将混匀的母液用蒸馏水稀释至 800mL 后加入葡萄糖和果糖至终浓度为 18.016g/L 和 3.6032g/L。待糖溶解后调整 pH 值至 5.0,121℃高压灭菌 20min,冷却,加入 GA_3 至终浓度为 0.5μmol/L,IAA 终浓度为 5μmol/L。其中,GA_3 和 IAA 的母液,过滤灭菌后分装为 2mL

的小份备用。

表 1-4 棉花胚珠培养的 BT 培养基配方

母液编号	成分	母液浓度(g/L)	终浓度(mg/L)
1	KH_2PO_4	27.2180	272.180
	H_3BO_3	0.6183	6.183
	$Na_2MoO_4 \cdot 2H_2O$	0.0242	0.242
2	$CaCl_2 \cdot 2H_2O$	44.1060	441.060
	KI	0.0830	0.830
	$CoCl_2 \cdot 6H_2O$	0.0024	0.024
3	$MgSO_4 \cdot 7H_2O$	49.3000	493.000
	$MnSO_4 \cdot H_2O$	1.6902	16.902
	$ZnSO_4 \cdot 7H_2O$	0.8627	8.627
	$CuSO_4 \cdot 5H_2O$	0.0025	0.025
4	KNO_3	505.5500	5055.500
5	$FeSO_4 \cdot 7H_2O$	0.8341	8.341
	Na_2EDTA	1.1167	11.167
6	烟酸(Nicotinic acid)	0.0492	0.492
	盐酸吡哆醇(Pyridoxine・hydrochloride)	0.0822	0.822
	盐酸硫胺素(Thiamine・hydrochloride)	0.1349	1.349
7	肌-肌醇(Myo-inositol)	18.0160	180.160

2. 外植体的灭菌：在超净工作台中，取开花后一天的花朵，除去花瓣和萼片，留下的幼铃用蒸馏水洗涤 2 次，在无菌条件下用 70％乙醇消毒 1.5min，用无菌水冲洗 5 次，再用 0.1％氯化汞消毒 10min，用无菌水冲洗 5 次，备用。

3. 接种与培养：用解剖刀切开幼龄，剥取 1 个子房中的胚珠(20～30 粒)，接种在胚珠培养液上(悬浮培养)。将含有胚珠的培养瓶置培养箱中暗培养，温度维持在 30±2℃。

4. 观察：从接种后的第 3 天起，观察到胚珠表皮长出纤维，然后纤维进入伸长期，在接种后的第 5～15 天伸长最快，第 15～20 天趋缓，第 20～23 天基本停止伸长，最终长度可达 20mm 以上。棉花纤维伸长趋势呈"S"型曲线。

5. 记载：观察的同时记载胚珠上纤维的长度。测量方法：首先将胚珠投入沸水浴中煮沸 2min，使纤维相互分离，取出放在载玻片上，用流水轻轻冲洗使棉纤维细胞伸直，然后用 10cm 尺子测量纤维长度。但发育早期纤维，因很短，需在体视显微镜下用目镜测微尺测量纤维长度。每个棉花品种取 3 个铃，每个铃随机测 10 个胚珠的纤维长度，求平均值。

五、注意事项

1. 棉花胚珠在离体培养时，纤维是否能很好地从胚珠上长出和伸长，与胚珠是否受精关

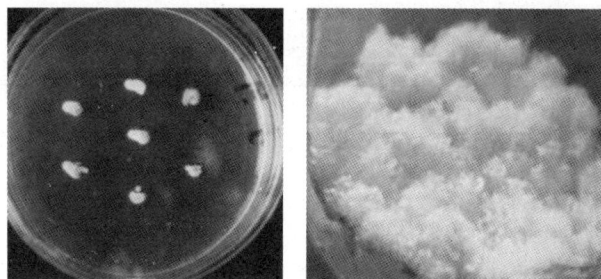

图 1-4　棉花胚珠(左)培养至 30d 时胚珠上长出的纤维(右)

系较大,实践表明受精胚珠好于未受精胚珠。因此,取棉花胚珠时应取自交或杂交后 24h 的棉铃为佳。

2.在测量棉花纤维长度时,一般不需要将纤维从胚珠上分离后再测,而是直接在胚珠上测量。

六、实验报告及思考题

1.按表 1-5 配制 4 种 BT 培养基,接种胚珠于培养基上,接种后 3～15d 内每隔 3d 观察和记载一次纤维的长度,实验结束后分析 GA_3、IAA、GA_3＋IAA 分别对棉花纤维长度的影响。

表 1-5　4 种 BT 培养基

激素种类	4 种 BT 培养基			
	CK(对照)	G	I	GI
GA_3	－	＋	－	＋
IAA	－	－	＋	＋

注:"－"表示不加激素,"＋"表示加激素。

2.GA_3 和 IAA 对棉花纤维生长有何生理作用?

3.植物胚珠培养在科学研究中有哪些价值?

实验七　花药培养和单倍体植株再生

一、实验目的

学习和掌握通过花药培养获得单倍体植株的原理和方法。

二、实验原理

花药是花的雄性器官,花药培养属器官培养。花药培养是指把发育到一定阶段的花药接种在人工培养基上,改变花粉的发育途径,使其不形成配子,而像体细胞一样进行分裂和分化,最终发育成完整植株的过程(图1-5)。花药内的花粉是单倍体(haploid)细胞,花粉培养与单细胞培养相似,花药和花粉都可以在培养过程中诱导单倍体细胞系和单倍体植株。单倍体植株的最大特点是高度的不孕性,这是由于它只有一套染色体,没有同源染色体配对的现象,造成染色体行为的异常,形成的配子失去有性生殖的能力。但是,如果将单倍体植株的染色体数目加倍,便可获得加倍单倍体(doubled haploid,DH)植株,即纯合二倍体植株或纯系。因此,通过花药培养获得单倍体植株,在遗传与育种研究中具有广泛的应用价值,如:①单倍体通过染色体加倍可快速获得纯系,特别是异花授粉作物的自交系;②通过固定在单倍体培养中的变异,可创造新的种质资源;③诱变单倍体可迅速发现隐性突变;④单倍体与二倍体杂交得到的非整倍体是细胞遗传学研究的良好材料,有助于研究同源染色体的联会机制,以及基因的剂量效应等理论问题。

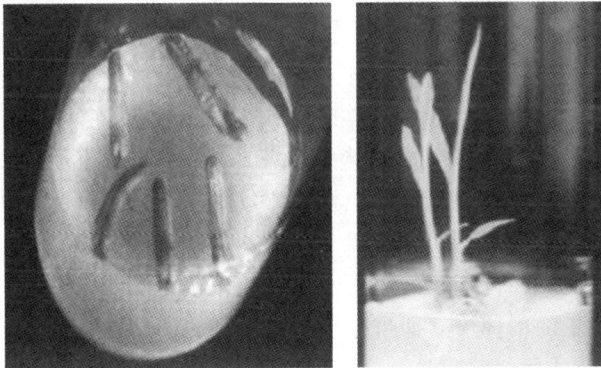

图1-5　花药培养
左:培养基上的花药;右:再生的植株

水稻是世界上主要的粮食作物,通过离体培养水稻花药或花粉粒,诱导小孢子形成愈伤组织进而分化成水稻单倍体植株,可为水稻遗传学研究和新品种繁育提供重要种质资源。水稻花药培养常用N6培养基(表1-6)。不同发育时期的花粉对诱导单倍体的敏感度有差异,虽然在四分体时期和双核花粉期均有被诱导的可能,但最适宜诱导的时期是第一次有丝分裂时期。因此,用于培养的水稻花药,取处于单核中期的花药对诱导单倍体较为适宜。

三、实验材料与用具

1. 材料:处于单核中期的水稻花药。

2. 药品:0.1% I-KI 溶液、0.1%氯化汞溶液、新洁尔灭消毒液、70%酒精、95%酒精、无菌水等。

3. 仪器:超净工作台、冰箱、微波炉或恒温水浴、高压灭菌锅、pH 计、分析天平等。

4. 用具:试管、三角瓶、培养皿、量筒、容量瓶、移液管、滤纸、镊子、手术剪、酒精灯、草炭、蛭石、营养钵等。

5. 愈伤组织诱导培养基(R1):N6＋2mg/L 2,4-D＋1.0mg/L NAA＋0.5%水解乳蛋白。

6. 分化培养基(R2):N6＋1～2mg/L KT＋0.25～0.5mg/L NAA＋3%麦芽糖。

表 1-6   N6 培养基的配方

药品名称	浓度(mg/L)	药品名称	浓度(mg/L)
KNO_3	2830.0	$FeSO_4 \cdot 7H_2O$	27.8
$(NH_4)_2SO_4$	463.0	KI	0.8
$MgSO_4 \cdot 7H_2O$	185.0	甘氨酸	2.0
KH_2PO_4	400.0	盐酸硫胺素(维生素 B_1)	1.0
$CaCl_2 \cdot 2H_2O$	166.0	盐酸吡哆醇(维生素 B_6)	0.5
$MnSO_4 \cdot 4H_2O$	4.4	烟酸	0.5
$ZnSO_4 \cdot 7H_2O$	1.5	蔗糖	50000
H_3BO_3	1.6	琼脂	8000
$Na_2EDTA \cdot 2H_2O$	37.3	pH	5.8

四、实验步骤

1. 取花药:从田间正常生长的水稻植株上取花药,要求花药适龄期以花粉发育至单核中期为佳,此时不仅诱导绿苗率高,而且二倍体组织(如花药壁细胞)受到抑制不能成苗。这一花药适龄期的田间参考标准大体是:顶部第 2 叶的叶鞘距离剑叶约 3cm,但不同品种和同一品种的不同生长季节可能会有所差异,需要经过镜检来确定。

2. 低温预处理:采集的稻穗应立即带回实验室放入冰箱,在 8℃低温下预处理 10d 左右。处理期间必须注意稻穗的保鲜(保湿),一般将穗子装入塑料袋中,并扎紧袋口。

3. 花药镜检:稻穗低温预处理之后,剥取其幼穗花序,依次从花序上、中、下三部位剥取花药,用 0.1% I-KI 溶液染色后镜检,凡是花药内的花粉处于单核靠边期的花药就是单核中、晚期花药。

4. 灭菌:将穗子自袋内取出后,先在新洁尔灭消毒液里浸泡一下,立即放入预先开机 15min 的超净工作台内,剥出穗子,根据镜检结果,将穗子放入 50mL 试管中,随即注入 0.1% 氯化汞溶液消毒 10min,无菌水冲洗 3 次。

5. 接种:从吹干的穗子上,逐一剪取小穗放入预先灭菌垫有滤纸的培养皿中,然后左手持小穗基梗,右手拿预先灭菌的锋利小剪,将颖壳顶端(含有花药)剪入培养皿的滤纸上,然后用灭菌的小镊子镊住颖壳顶部,开口向管内,轻轻敲进装有愈伤组织诱导培养基(R1)的试管或小三角瓶中,放于26~27℃恒温箱中暗培养。25mL试管接种20枚花药,50mL三角瓶接种50枚花药,塞上棉塞。

6.芽的分化:将愈伤组织转移到分化培养基(R2)上进行分化培养。分化期间温度为23~25℃,并保持2000lx的光照9~11h。

7.炼苗与移栽:分化出的绿苗转移至改良White培养基上进行壮苗培养,也可先用培养液沙培后炼苗和移栽。

五、注意事项

1.当花药培养获得单倍体植株时,需要对其进行染色体倍性的观察。通常采用染色体直接计数法,可取根尖或茎尖等分生组织的细胞,经固定和染色(如醋酸洋红)后,在显微镜下观察和计数。

2.单倍体植株由于染色体在减数分裂时不能正常配对,所以表现为高度不育。对单倍体进行加倍处理,使其成为双单倍体,是恢复单倍体的育性和稳定其遗传的必要措施。虽然在培养过程中,单倍体细胞可以自发加倍,但频率较低,需要用人工加倍的方法获得双单倍体。秋水仙素处理是诱导染色体加倍的传统方法,例如,用含有秋水仙素的羊毛脂涂于单倍体的侧芽(腋芽)上,然后将主茎的顶芽去掉,以促进侧芽分生组织细胞的染色体加倍,加倍后的侧芽长成的枝条是可育的。

六、实验报告及思考题

1.每人接种水稻花药各2瓶,进行培养,观察并统计花药成苗数及单倍体植株成苗数。

2.花药培养有什么意义?

3.如何观察和鉴定单倍体植株的染色体?

实验八　植物茎尖分生组织培养和无病毒苗的再生

一、实验目的

了解植物茎尖分生组织培养和无病毒苗（脱毒苗）再生的基本原理，熟练掌握植物茎尖脱毒的基本操作程序，了解植物病毒常规检测方法。

二、实验原理

植物病毒病是限制农业生产的重要因素之一。尤其是，通过营养繁殖的植物在感染病毒后，其营养繁殖的特性使病毒长期积累导致作物减产、品质不佳和品种退化。对植物病毒进行有效检测、控制，培育无病毒苗，实施农作物无病毒化栽培，是预防植物病毒病的根本途径。植物茎尖组织培养（shoot tip culture）是许多植物脱除病毒（virus elimination）的重要手段，也是生产上用于防治植物病毒病的主要技术。

病毒在植物体内通过维管束进行长距离转移，以及通过胞间连丝进行胞间转移。植物茎尖分生组织区域没有维管束，病毒只能通过胞间连丝传递。该区域生长素浓度高，新陈代谢旺盛，病毒增殖与移动速度不及茎尖分生组织细胞分裂和生长快。越靠近茎尖区域，病毒感染越少，茎尖生长点（0.1～1.0mm）区域几乎不含或很少含有病毒。因此，茎尖分生组织作为外植体，因不含病毒，进行微繁（micropropagation），可获得无毒植株。

为避免有些病毒也能侵染植物茎尖分生组织区的现象，可通过对茎尖分生组织培养所用材料进行热处理，即在适宜的恒定高温或变温和一定光照条件下处理一段时间，可使病毒钝化失活。热处理与茎尖分生组织培养脱毒相结合，可以提高脱毒率。

三、实验材料与用具

1. 材料：盆栽带病毒草莓植株，或其顶芽与侧芽。
2. 药品：MS 基本培养基配方所需各种药品，2.5％次氯酸钠溶液，70％酒精，无菌水等。
3. 茎尖分化培养基（MS＋0.5mg/L 6-BA＋3％蔗糖＋0.7％琼脂）和生根培养基（1/2MS＋0.2mg/L IAA＋1.5％蔗糖＋0.7％琼脂）。
4. 仪器：旋涡混合仪，恒温光照培养箱，高压蒸汽灭菌锅，磁力搅拌器，pH 计，电子天平，超净工作台，光学显微镜等。
5. 用具：玻璃器皿，移液枪，解剖针，解剖刀，镊子，培养容器等。

四、实验步骤

1. 热处理：待脱毒草莓植株在 36～38℃和光照 3000lx 的条件下盆栽培养 2 周。
2. 表面消毒：选取合适顶芽或侧芽，清洗干净后用 70％酒精消毒 30s，用消毒过的解剖刀切除外层芽鞘后，再用 2.5％次氯酸钠溶液处理 15min，用无菌蒸馏水清洗 3～5 次，用无菌滤纸吸去多余水分备用。

3.茎尖分生组织剥离:在双筒解剖镜下,用解剖针一层层剥去芽鞘或幼叶,最顶端部位便露出茎尖生长点的分生组织,用手术刀将生长点(0.1~1.0mm)切下,一般保留1~2个叶原基。

4.茎尖分生组织培养:将剥离的茎尖立即接种到分化培养基上培养,培养条件为25℃,光照强度3000lx,光照时间14h/d。培养第26天时统计繁殖系,然后进行一次继代培养,转入生根培养基上进行生根培养。

5.炼苗和移栽:待草莓无菌苗的根长到1~2cm时,将三角瓶上的覆盖物揭掉,在光照培养室内炼苗1~2d,在此过程中,要注意保持培养室中的湿度。然后,将根部的培养基洗去,移栽到装有蛭石和草炭混合物(1∶2)的培养钵中,注意保持空气湿度,1周就可成活。

6.脱毒苗的检测:目前常用植物病毒检测技术包括指示植物法、血清学法和PCR法等,可选择一种进行检测。

(1)指示植物法:利用病毒在其他植物上出现的病毒特征作为鉴别病毒种类的标准,这种专用于产生病毒症状特征的寄主即为指示植物,又称鉴别寄主。症状分两种类型:一种是接种后产生系统性的症状,并扩张到非接种部位;另一种是只在接种部位产生局部病斑,根据病毒的类型而出现坏死、退绿或环状病斑。指示植物有荆芥、千日红、昆诺阿藜和各种烟草等。指示植物法操作简便易行,而且成本低,结果准确、可靠,但所需时间较长,对大量样品的检测比较困难。例如,长春花、芦柑实生苗作为柑橘黄龙病的指示植物;巴西牵牛、苋菜、藜等作为甘薯病毒的指示植物。检测程序:从被鉴定植物上取1~3g幼叶,在pH值为7.0的磷酸缓冲液中研磨至匀浆,用两层纱布过滤,取滤液。在指示植物叶面上涂抹或喷洒滤液。指示植物在无蚜虫的环境中培养,保温15~25℃。接种2~6d后观察有无病毒病症状。

(2)血清学法:植物病毒可作为一种抗原,注射到动物体内即产生抗体。抗体存在于血清之中称为抗血清。不同病毒产生的抗血清都有各自的特异性,用已知病毒的抗血清来鉴定未知病毒,这种抗血清就成为高度专一性的试剂,特异性高。常用的血清学检测方法有ELISA或Dot-ELISA检测法等。血清学检测法是目前使用最广泛和较为可行的方法,可用于大批量样品的检测。

(3)PCR法:利用RT-PCR检测病毒的存在。根据已经分离到的病毒及其基因序列合成一对引物(病毒特异引物),提取待测脱毒植株的RNA(可能含有病毒RNA);利用反转录酶将RNA反转录成cDNA,再以cDNA为模板进行PCR扩增,PCR产物经琼脂糖凝胶电泳,观察有无目的片段,若有目的条带,说明该苗仍含有病毒,即脱毒不成功。

五、注意事项

1.在培养茎尖分生组织时,外植体越小,脱毒效果越佳,但培养越难;若外植体过大,则不能保证完全除去病毒。剥离茎尖分生组织大小要适宜,通常保留1~2个叶原基的茎尖较宜。

2.在茎尖分生组织剥离过程中,可视植物种类、芽鞘与幼叶层数情况,掌握好对顶芽或侧芽消毒的时间和次数,防止因消毒过度而导致细胞死亡。

3.脱毒苗病毒检测中应根据病毒种类选择合适的指示植物、抗血清和PCR的引物。

六、实验报告及思考题

1.每人剥离接种10个茎尖,在培养基上接种后定期观察和描述茎尖生长情况。

2.为什么通过茎尖分生组织培养可以得到脱毒苗？脱毒技术在生产上有何实际意义？目前已推广应用的农作物脱毒苗有哪些植物种类？

3.如何鉴定茎尖组织培养形成的试管苗是否带毒？

实验九　植物原生质体的分离和培养

一、实验目的

了解原生质体的基本特征,掌握分离、纯化和培养的原理与方法。

二、实验原理

植物原生质体(protoplast)是除去细胞壁后的"裸露细胞",是开展基础研究的理想材料。其中,酶解法分离原生质体是一种常用的技术,其原理是植物细胞壁主要由纤维素、半纤维素和果胶质组成,因而使用纤维素酶、半纤维素酶和果胶酶能降解细胞壁成分,除去细胞壁。由于原生质体仍然具有完整的细胞核结构及相应的遗传物质,根据细胞全能性的原理,它同样具有发育成为完整植株的潜力。

利用原生质体便于开展那些因细胞壁存在而难以进行的研究。第一,与完整植物细胞相比,原生质体易于摄取外来的物质,如 DNA、染色体、病毒、细胞器和细菌等,因此可利用其作为理想的受体进行各种遗传操作。第二,由于没有细胞壁,有利于进行体细胞诱导融合(细胞杂交),形成杂种细胞,经培养进而分化产生杂种植株,使那些有性杂交不亲和的植物种间进行广泛的遗传重组,因而在植物育种上具有巨大的潜力。第三,可以用于研究细胞壁再生、膜结构、细胞膜的离子转运和细胞器的动态变化等。

原生质体分离、纯化和融合后,在适当的培养基上应用合适的培养方法,能够再生细胞壁,并启动细胞持续分裂,直至形成细胞团,长成愈伤组织或胚状体,再分化发育成苗。其中,选择合适的培养基及培养方法是原生质体培养中最基础也是最关键的环节。

三、实验材料与用具

1. 材料:无菌烟草叶片。
2. 药品:纤维素酶、果胶酶等酶制剂、聚乙二醇(PEG)、甘露醇、葡萄糖、甘氨酸、谷氨酰胺、水解酪蛋白、葡聚糖硫酸钾、牛血清蛋白和吗啉乙基磺酸(MES)等。
3. 仪器:高压蒸汽灭菌锅、超净工作台、离心机、倒置显微镜、光照培养箱和振荡培养箱等。
4. 用具:三角瓶、离心管、烧杯、培养皿、300 目滤网、解剖刀、镊子、滤纸、细菌过滤器、滤膜、培养瓶(注:以上用品要进行高压灭菌)、血球计数板、移液器、封口膜等。

四、实验步骤

(一)实验试剂的配制

1. 酶液的配制:按 1g 材料加入 10mL 酶液的比例配制。配制分以下两步进行:第一步,配制酶储备液($7mmol/L\ CaCl_2 \cdot 2H_2O + 0.7mmol/L\ NaH_2PO_4 \cdot 2H_2O + 3mmol/L\ MES + 0.5mol/L$ 甘露醇,pH5.6),定容至 10mL,灭菌备用;第二步,使用时在酶储备液中加入 1%纤

维素酶 R-10 和 0.8％果胶酶 R-10。注意：因酶制剂经过高压灭菌处理后会失活，用时将酶制剂按比例加入第一步已灭菌的溶液内。一般酶制剂都不太纯，配好后经 3500r/min 离心 5min，弃其中杂质，吸取的上清液用 $0.45\mu m$ 滤膜的细菌过滤器抽滤灭菌。

2.洗液的配制（用于酶解产物的洗涤）：$8mmol/L\ CaCl_2 \cdot 2H_2O + 2mmol/L\ NaH_2PO_4 \cdot 2H_2O + 0.5mol/L$ 甘露醇，灭菌。

3.原生质体培养基的配制：按表 1-7 配方将大量元素、微量元素、铁盐和有机附加物分别配成 10 倍或 100 倍的母液，低温保存。在配制培养基时，按比例吸取、混合、分装和灭菌。

表 1-7　原生质体培养基的配方

母液类别	药品名称	浓度（mg/L）	母液类别	药品名称	浓度（mg/L）
	KNO_3	2500	铁盐	$Na_2EDTA \cdot 2H_2O$	37.2
	NH_4NO_3	250		$FeSO_4 \cdot 7H_2O$	27.8
	$(NH_4)_2SO_4$	134		肌醇	100
大量元素	$MgSO_4 \cdot 7H_2O$	250		盐酸吡哆醇	1
	$CaCl_2 \cdot 2H_2O$	900		盐酸硫酸素	10
	$CaHPO_4 \cdot H_2O$	50		烟酸	1
	$MnSO_4 \cdot 4H_2O$	10	有机附加物	KT	0.2
	$ZnSO_4 \cdot 7H_2O$	2		NAA	0.1
微量元素	H_3BO_3	3		蔗糖	13700
	$Na_2MoO_4 \cdot 5H_2O$	0.025		木糖	250
	$CoCl_2 \cdot 6H_2O$	0.025		pH	5.8

（二）原生质体的分离

1.叶片处理：在超净工作台内将无菌烟草叶片从培养瓶内取出，放在培养皿内萎蔫 1h，以提高叶肉原生质体对以后处理的忍耐力。如直接取室外培养的叶片，需进行表面灭菌，70％乙醇浸泡 5s，无菌水冲洗 2～3 次，再以 2％次氯酸钠溶液浸泡 10min，无菌水冲洗 3～4 遍。

2.细胞壁的酶解：在超净工作台内，用镊子撕去烟草叶片表皮，并去掉叶脉，剪成 $0.5cm^2$ 小块，浸在含酶液的培养皿中，封上封口膜。黑暗振荡培养，保持 27℃，酶解 12～24h，振速为 50～60r/min。

（三）原生质体的收集与纯化

1.原生质体的收集：取出装有酶解好材料的三角瓶，重新置于超净工作台内，将酶解物用小漏斗（装有 300 目不锈钢网）过滤，消化完的细胞团或组织留在不锈钢网上面。过滤液收集于 10mL 离心管中，500r/min 离心 2min，去掉上清液，沉淀物为原生质体的粗提物。

2.原生质体的纯化：用注射器（装上长针头）向离心管底部缓缓注入 20％蔗糖 6mL，在 500r/min 离心 5min。这时，在两相溶液的界面之间出现一层纯净的完整原生质体，杂质和碎片都沉到管底。收集界面处的原生质体。

3.原生质体的清洗：用 1mL 洗液加到收集的原生质体中，轻轻摇动，用力不可太大，以免原生质体破裂，500r/min 离心 2min，弃上清液，留沉淀，并重复一次。再用 1mL 培养液将沉淀轻轻打起,500r/min 离心 2min,弃上清液,留沉淀。以上几步离心均在超净工作台内操作。

（四）原生质体的培养

1.培养:用 2mL 培养液将沉淀在离心管内的原生质体轻轻悬起,并倒入 2 个小培养皿内,只需一薄层即可。用封口膜封口,以防污染和培养基中水分散失造成渗透压提高,因为渗透压提高对原生质体是一种冲击,会导致对其完整性的破坏。将小培养皿放在一装有湿滤纸的塑料袋中,要求在散射的暗淡光(强光刺激会使原生质体死亡)和湿润环境中培养,温度 25℃。

2.观察和记录:第二天用倒置显微镜观察原生质体生长情况,视野内呈现出很多且圆的原生质体。2～3d 后细胞壁再生。可照相记录每天观察到的结果。同时,要注意原生质体的密度,因为培养基中原生质体必须有一定密度,不然难以分裂。密度参数值是 $10^4 \sim 10^5$ 个/mL,确切的密度应该随材料、培养时间等具体条件的不同而异。需要时,可进行原生质体活力的鉴定:取原生质体提取液一滴于载玻片上,加入相同体积的 0.02％ FDA(荧光素双醋酸酯)稀释液,静置 5min 后,于荧光显微镜下观察,发出绿色荧光的为有活力的原生质体,没有产生绿色荧光或发出红色荧光的为无活力的原生质体。

3.原生质体再生:具有活力的原生质体在合适的培养条件下 3～6d 就可以看见原生质体的第一次分裂,2 周左右可见到小细胞团。要不断加入新鲜细胞培养基,加入的时间和容量按实验情况而异,原则上要在原生质体一次或几次分裂后逐步加入。细胞团继续长大成愈伤组织到植株分化的过程与其他组织培养情况相同。

五、注意事项

1.除去细胞壁的酶液种类和浓度是决定能否获得大量原生质体的关键,应根据试验材料的不同来调节和摸索,确定最终的酶种类和浓度。

2.酶液和洗液中的渗透调节剂对于获得完整稳定的原生质体非常重要;否则,渗透压不合适,容易造成原生质体的破裂。

六、实验报告及思考题

1.每两人一组,进行原生质体分离和培养,并仔细观察和描述原生质体的细胞壁再生、细胞团形成和愈伤组织形成的过程。

2.纤维素酶和果胶酶在原生质体分离时的作用分别是什么?

3.你认为要获得数量多、生活力强的原生质体,在实验中应注意哪些问题?

4.为什么在原生质体培养时一般要做原生质体的密度和活力测定?

实验十　植物原生质体的融合

一、实验目的

了解分别用物理（电融合）和化学（PEG）法诱导植物原生质体融合获得杂种细胞的过程，并能根据亲本原生质体的形态来鉴别杂种细胞。

二、实验原理

植物不同种间的原生质体可在人工诱导条件下融合，所产生的杂种细胞（hybrid cell），再经过培养可再生新的细胞壁，分裂形成愈伤组织，进而分化产生杂种植株。由于进行融合的原生质体来自体细胞，故该项技术也叫体细胞杂交，获得的植株为体细胞杂种（somatic cell hybrid）。原生质体融合能使有性杂交不亲和的植物种间、属间、科间进行广泛的遗传重组，因而在植物育种上具有巨大的潜力。在植物遗传操作研究中也是关键技术之一。

人工诱导原生质体融合的方法，常用自发融合、化学试剂诱导、电刺激、微束激光、微矩阵芯片和空间物理场等多种融合方法。其中，最常用的是电融合法和PEG法两种。

1. 电融合法（电激法诱导植物原生质体融合）：主要是根据原生质膜带有电荷的特性，首先施加一定强度的交变电场，使原生质膜表面极化，形成偶极子。由于原生质体间的电荷相互吸引作用，原生质体在交变电场作用下沿着电场方向形成很多平行的紧密排列的原生质串珠；接着施加若干个一定强度的脉冲电压，使相互接触的原生质膜发生可逆性电穿孔，由于表面张力的作用，原生质体间相互融合，静置一段时间之后，融合子很快形成一个个球体。相邻两个细胞紧密排列部位的微孔就会有物质交流，形成所谓的膜桥和质桥，进而产生细胞融合。针对不同来源的原生质体，通过电融合参数的优化选择，以及双亲原生质体融合时密度的调整，可以避免过多地形成多核体，获得满意的融合效果。该技术对细胞的毒害小、融合效率高、融合技术操作简便。

2. PEG法（PEG法诱导植物原生质体融合）：PEG是一种被称为聚乙二醇（polyethylene glycol）的水溶性高分子多聚体，其分子具有轻微的负极性，故可以与具有正极性基团的水、蛋白质和碳水化合物等形成氢键，在原生质体之间形成分子桥，从而使原生质体发生粘连进而促进原生质体的融合。这时，在高 pH-高钙液的处理下，与质膜结合的分子被洗脱，导致电荷平衡失调并重新分配，使原生质体的某些正电荷与另一些原质体的负电荷连接起来形成具有共同质膜的融合体。该方法的优点是融合成本低，不需要特殊设备，并且融合子产生的异核率较高。

三、实验材料与用具

1. 材料：烟草叶肉原生质体，胡萝卜根愈伤组织或悬浮细胞的原生质体。烟草或其他植物无菌苗的叶片，胡萝卜肉质根诱导的松软愈伤组织或悬浮培养细胞。

2. 溶液：PEG 溶液（50% PEG1540＋10.5mmol/L CaCl$_2$ • 2H$_2$O＋0.7mmol/L KH$_2$PO$_4$，

pH5.6)、溶液Ⅰ(500mmol/L 葡萄糖＋0.7mmol/L KH$_2$PO$_4$＋3.5mmol/L CaCl$_2$ • 2H$_2$O,
pH5.6)、溶液Ⅱ(50mmol/L 甘氨酸＋50mmol/L CaCl$_2$ • 2H$_2$O＋300mmol/L 葡萄糖,
pH9.0)。

3.仪器:超净工作台、细胞融合仪、倒置显微镜、pH 计等。

4.用具:血球计数板、移液枪、60mm 平皿、镊子、封口膜等。

四、实验步骤

(一)电激法诱导植物原生质体融合

1.原生质体的分离和收集,参见"实验九　植物原生质体的分离和培养"。

2.将收集的两种不同材料的原生质体分别悬浮在溶液Ⅰ中,原生质体密度调整为 $2×10^5$ 个/L 左右(用血球计数板统计原生质体密度)。

3.将两种原生质体悬液等量混合,取 100μL 悬液加到细胞融合仪的融合小室内。

4.开机调节好融合仪的各项参数。将融合小室接好电极后置于倒置显微镜下静置约 3min,使悬浮的原生质体沉降到平板底部。同时打开成串脉冲输出开关及融合脉冲输出开关,使高压脉冲发生电路与融合小室接通。成串交流电压调至 $40～50$V,成串电流频率为 0.5MHz,成串时间保持 1min,然后轻触脉冲触发开关,施加 3 次融合脉冲,每次间隔 1s。融合脉冲后成串脉冲再保持 1min。静置融合小室 $20～30$min,在显微镜下观察融合过程(图 1-6A)。

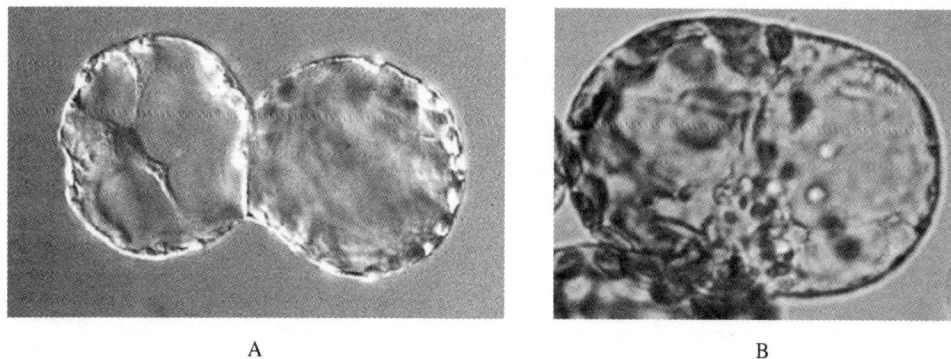

| A | B |

图 1-6　植物原生质体融合(A);含叶绿体和不含叶绿体的两个原生质体的融合(B)

(二)PEG 法诱导植物原生质体融合

1.原生质体的分离和收集,参见"实验九　植物原生质体的分离和培养"。

2.将收集的两种不同材料的原生质体分别悬浮在溶液Ⅰ中,原生质体密度调整为 $2×10^5$ 个/L 左右(用血球计数板统计原生质体密度)。

3.将两种原生质体悬液等量混合。

4.用移液枪将混合的原生质体悬液滴在直径为 60mm 的平皿中,每皿 7 或 8 滴,每滴约 0.1mL。然后静置 10min,使原生质体铺在皿底上,形成一薄层(应有 $3～5$ 个平皿的重复)。

5.用移液枪将等量的 PEG 溶液缓慢地加在原生质体液滴上,再静置 $10～15$min。此时,可取一个平皿在倒置显微镜下观察原生质体间的粘连。

6.用移液枪将原生质体液滴慢慢地加入高 pH-高钙稀释液(溶液Ⅱ)中。第一次加

0.5mL,第 2 次加 1mL,第 3、4 次各加 2mL,每次间隔 5min。

7.将平皿稍微倾斜,吸去上清液,再缓缓加入 4mL 稀释液。5min 后,再倾斜平皿,吸去上清液,注意吸去上清液时勿使原生质体漂浮起来。

8.用实验九的原生质体培养基(表 1-7)如上述步骤 6 和 7 换洗 2 次。

9.每平皿中加培养基 2mL,轻轻摇动平皿。用封口膜密封平皿。置 26℃下进行 24h 暗培养,然后转到弱光条件下培养(参见"实验九 植物原生质体的分离和培养")。在培养 3d 以内,可根据双亲原生质体的形态特征来鉴别杂种细胞与非杂种细胞:因为来自烟草叶肉组织的原生质体由于含有大量叶绿体表现为明显的绿色,而来自胡萝卜根愈伤组织或悬浮细胞的原生质体基本无明显的颜色,所以可根据原生质体的颜色来判断(图 1-6B)。

五、注意事项

1.选取亲本原生质体时,尽量使两种亲本的原生质体各自具有明显的外观特征,这样容易进行杂种细胞与亲本细胞的区分。

2.在整个过程中都要保证原生质体处于适当的渗透压下,以保证原生质体的活力。

3.用 PEG 介导的细胞融合,其融合效果与 PEG 的相对分子质量及其浓度成正比,但 PEG 的相对分子质量越大,浓度越高,对细胞的毒性也就越大,需要兼顾两者。在实验时常常采用的 PEG 相对分子质量一般为 1000~4000,浓度一般为 40%~60%。PEG 的稀释应逐步进行。

六、实验报告及思考题

1.在倒置显微镜下观察原生质体的融合过程,统计异源融合的频率。

2.简述电融合法和 PEG 融合的原理,比较两者各有何优缺点。

3.要想提高融合频率,应注意哪些因素?

4.植物原生质体融合技术在作物改良中有何意义?可能存在哪些问题?

第二部分　植物基因工程技术

植物基因工程技术又称DNA重组技术,是在DNA分子水平上对基因进行操作,将外源基因通过体外重组后导入受体植物细胞内,使该基因能在植物细胞内复制、转录和翻译表达,以改变植物原有的遗传特性,获得新品种或生产新产品。而且,该技术也为植物基因的结构和功能的研究提供了有力的手段,已成为现代植物生物技术的核心。因此,了解植物基因工程的基本原理,并掌握其基本的实验操作技术,应是每个学生必备的技能。

一般来说,基因工程的流程可以概括为基因的"分离"、"切割"、"连接"、"转化"、"筛选"和"表达"等6个阶段。其中涉及一系列的分子生物学技术,如载体DNA制备、各种工具酶的使用、体外重组、重组DNA分子导入宿主细胞、重组子筛选和基因表达检测等技术。植物基因工程技术涉及的面较广,我们将分19个实验来介绍,重点是植物DNA和RNA的提取、植物基因的分离、植物基因表达载体的构建、植物基因的转化、外源基因在植株细胞内的表达检测等方面的技术。

实验十一　植物 DNA 的提取和质量鉴定

一、实验目的

掌握植物细胞DNA提取的原理和操作方法,以及用紫外分光光度计和琼脂糖凝胶电泳检测DNA的纯度和完整性。

二、实验原理

从植物细胞中提取DNA是植物基因工程的首要步骤。植物DNA主要包括染色体DNA(核基因组DNA)、线粒体DNA(线粒体基因组DNA)和叶绿体DNA(叶绿体基因组DNA)。植物DNA的相对分子质量大,常与蛋白质和RNA结合以染色质形式存在,而且细胞内还含有较多的多糖和酚类物质。因此,提取植物DNA的关键是采用各种方法将蛋白质、RNA、多糖等物质除去以纯化DNA,并且在提取过程中要保证DNA不被内源或外源DNase所降解,以保证DNA的完整性。DNA的一般提取程序可归纳如下:

1. 生物材料的选择:主要考虑生物的生长状态或生长期、组织或器官类型、样品取材的难易及丰富程度等。植物材料以幼嫩组织或器官为宜。

2. 细胞的破碎:机械法(如组织捣碎机、玻璃匀浆器、研钵研磨等)、物理法(如反复冻融、冷热交替、超声波处理等)和化学法(如自溶、酶解、表面活性剂处理等)破碎细胞。植物细胞破碎常用液氮研磨法,在常压下液氮温度为-196℃,可使植物组织在很低温度下被研磨成粉末状,同时可抑制 DNase 活性。

3.DNA 的提取:一般采用酚-氯仿或氯仿-异戊醇去除蛋白质,用高盐除多糖,用去污剂如 SDS(sodium dodecyl sulfonate,十二烷基磺酸钠)、CTAB(cetyltrimethylammonium bromide,十六烷基三甲基溴化铵)等破坏细胞膜,使蛋白质变性,同时抑制 DNase 活性,最后用乙醇或异丙醇沉淀 DNA。

4. DNA 的纯化:无论采用哪种方法提取 DNA,都有不同程度的蛋白质、多糖以及一些盐类污染,因此进一步纯化 DNA 是非常有必要的。常用的方法有有机溶剂抽提、沉淀、柱层析法、梯度离心法以及用酶温和消化杂质等。

由于植物细胞含有较多的多糖,常采用 CTAB 法提取其 DNA。CTAB 是一种阳离子表面活性剂,它能溶解细胞膜,具有从低离子强度的溶液中沉淀 DNA 和酸性多聚糖的特性,在这种条件下,蛋白质和中性多聚糖仍留在溶液里;在高离子强度的溶液里,CTAB 与蛋白质和大多数酸性多聚糖以外的多聚糖形成复合物,只是不能沉淀 DNA。因此,CTAB 可以用于从大量产生多糖的有机体如植物以及某些革兰氏阴性菌(包括 *E. coli* 的某些菌株)中制备纯化 DNA。

本实验通过液氮研磨破碎细胞,用高浓度盐和 CTAB 溶液,以及有机溶剂抽提,除去蛋白质、多糖等杂质,以获得纯度较高的 DNA 样品,并用紫外分光光度计和琼脂糖电泳检测 DNA 的纯度和完整性。

三、实验材料与用具

1.材料:植物叶片。

2.用具:研钵、研杵、剪刀、不锈钢勺、玻璃棒、1.5mL 离心管、50mL 离心管、1mL 枪头、200μL 枪头、滴管等。

3.仪器:高速冷冻离心机、台式离心机、电泳仪、水平电泳槽、梳子、水浴锅、紫外可见光分光光度计、低温冰箱、移液枪等。

4.试剂:

(1)1mol/L Tris-HCl(pH8.0)缓冲液:Tris 60.57g 溶于 400mL 蒸馏水中,用盐酸调 pH 至 8.0,定容至 500mL,灭菌后备用。

(2)CTAB 提取缓冲液(2% CTAB,1.4mol/L NaCl,20mmol/L EDTA,100mmol/L Tris-HCl,pH8.0):CTAB 2g,NaCl 8.18g,EDTA 0.74g,1mol/L Tris-HCl(pH8.0)10mL,加水定容至 100mL,灭菌后加 0.2mL β-巯基乙醇,备用。

(3)洗涤缓冲液(76%乙醇,10mmol/L 乙酸铵):无水乙醇 76mL,乙酸铵 0.077g,加水至 100mL。

(4)TE 缓冲液(10mmol/L Tris-HCl,1mmol/L EDTA):1mol/L Tris-HCl(pH8.0)1mL,EDTA 0.037g,加水至 100mL,灭菌后备用。

(5)RNase 溶液(10mg/mL):称取 RNase 10mg,溶于 5mL 10mmol/L 乙酸钠水溶液中,100℃煮沸 15min,使 DNase 失活,分装,在-20℃条件下保存。

(6)氯仿-异戊醇(24∶1):将氯仿与异戊醇按体积比 24∶1 混合,置于棕色瓶中。

(7)电泳缓冲液(0.5×TBE):称取 Tris 2.18g,硼酸 1.1g,EDTA 0.14g,溶于蒸馏水,用

盐酸调 pH 至 8.0,用蒸馏水定容至 400mL,灭菌后备用。

(8)DNA 分子标准物(λDNA/HindⅢ Marker,有 8 个片段,分别是 23130bp、9416bp、6557bp、4361bp、2322bp、2027bp、564bp、125bp)。

(9)上样缓冲液(0.25％溴酚蓝,0.25％二甲苯氰 FF,30％甘油)。

(10)EB 溶液:称取 EB(溴化乙锭)1.0g,溶于 10mL 灭菌蒸馏水中,搅拌溶解,在 4℃条件下避光保存。

(11)其他:异丙醇、液氮等。

四、实验步骤

(一)植物 DNA 的提取

1.将 10mL CTAB 提取缓冲液加入 50mL 离心管中,置于 60℃水浴中预热。

2.称取 1.5g 叶片,置于 -20℃预冷的研钵中,倒入液氮,尽快将叶片研碎成粉末状;将粉末直接加入预热的含 CTAB 提取缓冲液的 50mL 离心管中,轻轻混匀后于 65℃保温 30min。

3.加等体积(10mL)的氯仿-异戊醇,轻轻颠倒混匀;室温下 4000r/min 离心 10min。

4.用一开口较大的滴管(或用剪刀剪去尖端的移液枪头)将上层水相吸入另一干净的离心管中,向该离心管中加入 1/100 体积的 RNase 溶液,37℃温育至少 30min,以除去 RNA。

5.加入 2 倍体积的无水乙醇或 0.7 倍体积的异丙醇,轻轻混匀,使 DNA 沉淀。如图 2-1-Ⅰ所示,有些情况下,这一步可以产生能用玻璃棒搅起来的长链 DNA,或者是云雾状的 DNA,如果看不到 DNA,则可以将样品在室温下放置数小时甚至过夜。

6.用下述方法收集 DNA:如果呈可见的丝状 DNA(图 2-1-Ⅰ),可用玻璃棒搅起,转至 10~20mL 洗涤缓冲液中,轻轻转动玻璃棒清洗;如此重复清洗 3 次。如果 DNA 呈云雾状,可在 2000r/min 离心 1~2min,小心地倒掉上清液,在松散的沉淀上加 10~20mL 洗涤缓冲液,轻轻转动离心管清洗;如此重复清洗 3 次。

7.在室温下使沉淀 DNA 干燥,然后溶于 1~1.5mL TE 缓冲液中,分装后 -20℃保存备用。

(二)紫外分光光度计测定 DNA 的纯度和浓度

1.测定纯度:取 2~5μL 用以上方法提取的 DNA,加蒸馏水至 500μL,在紫外分光光度计上读取 DNA 溶液在 260nm 和 280nm 处的 OD 值,计算 OD_{260}/OD_{280},当此比值为 1.8~2.0 时说明 DNA 纯度较高,大于 2.0 时说明残存较多 RNA,少于 1.8 时说明污染较多蛋白质。另外,235nm 处为盐类及小分子化合物(如核苷酸)的吸收峰,因此 OD_{260}/OD_{235} 也应大于 1.7,否则表明含有较多的盐类等杂质。样品在 260nm、280nm 和 235nm 处的吸收峰如图 2-1-Ⅲ。

2.测定浓度:当 $OD_{260}=1$ 时,样品中含有相当于 50μg/mL 的双链 DNA、40μg/mL 的单链 DNA 或 RNA。由此,可按以下公式计算:

$$样品\ DNA\ 浓度(\mu g/mL)=OD_{260}\times50\times稀释倍数$$
$$样品\ RNA\ 浓度(\mu g/mL)=OD_{260}\times40\times稀释倍数$$

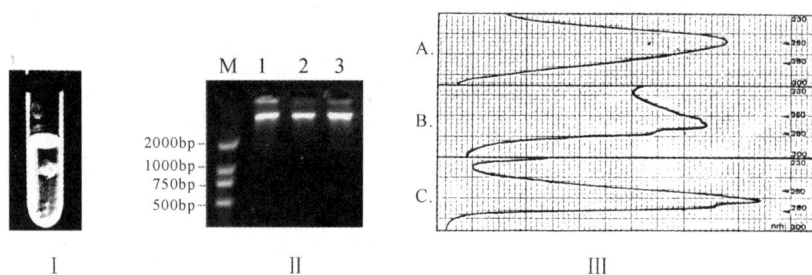

图 2-1　植物 DNA 的提取和检测

Ⅰ:离心管内沉淀出的 DNA;Ⅱ:电泳后没有明显降解的大分子 DNA(1,2,3 泳道);
Ⅲ:DNA 样品在 260nm、280nm 和 235nm 处的吸收峰,A 纯度高,B 有多糖污染,C 有蛋白
质污染。

（三）琼脂糖凝胶电泳检测 DNA 的完整性

1.制备 0.6% 琼脂糖凝胶:称取琼脂糖 0.6g,置于 100mL 的 0.5×TBE 缓冲液中煮沸溶解。将溶解的琼脂糖(约 50℃)小心倒入制胶模具(用胶布封好两端的有机玻璃槽,其中一端插有梳子)中,直至厚度为 5~6mm,在室温下冷却凝固。充分凝固后撕掉两端的胶布,小心垂直向上拔出梳子,以保证点样孔完好。将凝胶置入电泳槽中,加电泳缓冲液至液面覆盖凝胶 2~3mm。

2.点样:用微量取液器吸取 DNA(1μg/10μL)样品 10μL,加 2μL 上样缓冲液后,加入点样孔内。

3.电泳:将电泳槽的电线与电泳仪连接,打开电源开关,调节电压至 3~5V/cm,可见到溴酚蓝条带由负极向正极移动,距离胶板约 1cm 处,停止电泳。

4.染色:将电泳后的凝胶浸入溴化乙锭(EB,终浓度为 0.5μg/mL)染色液中染色。

5.观察和拍照:将用 EB 染色后的凝胶置于紫外透射检测仪上,盖上防护观察罩,打开紫外灯,可见到橙红色 DNA 条带,根据条带粗细,可粗略估计该样品 DNA 浓度。如果同时有已知相对分子质量的标准 DNA 进行电泳,则可通过线性 DNA 条带的相对位置(如:λDNA/HindⅢ Marker,可跑出 8 条带,各带的相对分子质量分别为 23130bp、9416bp、6557bp、4361bp、2322bp、2027bp、564bp、125bp)初步估计样品的相对分子质量。完整性好的植物 DNA 应是一条比 23130bp 滞后的电泳带(图 2-1-Ⅱ),若降解则成为弥散状。

五、注意事项

1.如果 DNA 沉淀呈白色透明状,而且溶解后成黏稠状,说明在沉淀物中含有较多的多糖类物质,可以在取材前将植物放暗处 24h,以达到减少多糖的目的。

2.如果 DNA 沉淀呈棕色,表明植物材料含有大量酚类化合物,与 DNA 共价结合,使 DNA 呈棕色。这种 DNA 难起酶学反应(如:与限制性内切酶、Taq 酶等反应)。为防止此情况出现,在 CTAB 提取缓冲液中,可适当提高巯基乙醇浓度,或添加亚精胺。

3.完整性好(未降解)的植物 DNA 经电泳其条带只有一条大分子量的带(清晰不拖尾,如图 2-1-Ⅱ所示),如果出现降解,其带呈弥散状。样品降解可能有两种情况:一是机械剪切剧烈;二是操作过程中受 DNase 污染。因此,在提取 DNA 的各个操作中,要避免剧烈振荡,提取液及用品要高温高压灭菌。另外,使用吸头吸取过程中应避免产生气泡,吸头应剪去尖部。避免反复冻融 DNA。

六、实验报告及思考题

1. 每 2 人一组,提取植物 DNA,并检测其纯度、浓度和完整性。

2. 如何在植物 DNA 提取过程中减少 DNA 的降解?

3. 在进行样品 DNA 电泳时应注意什么,为什么?

实验十二　植物 RNA 的提取和质量鉴定

一、实验目的

掌握提取植物细胞的总 RNA 的原理和方法,以及 RNA 质量鉴定的方法。

二、实验原理

RNA 是基因的转录产物,在基因结构与功能研究中有重要应用价值,如在 Northern 杂交、纯化 mRNA 以用于体外翻译,或建立 cDNA 文库、RT-PCR 及 mRNA 差示分析等研究中都需要高质量的 RNA。因此,从植物细胞中提取纯度高、完整性好的 RNA 是顺利进行上述研究的关键所在。

RNA 是一类极易降解的分子,要得到完整的 RNA,必须最大限度地抑制提取过程中内源性及外源性 RNase(核糖核酸酶)对 RNA 的降解。高浓度强变性剂异硫氰酸胍(GITC)可溶解蛋白质,破坏细胞结构,分离核蛋白与核酸的结合,失活 RNA 酶,使 RNA 从细胞中释放出来时不被降解。细胞裂解后,除了 RNA,还有 DNA、蛋白质和细胞碎片等杂质,通过酚、氯仿等有机溶剂抽提,杂质得以除去,RNA 得到纯化。

本实验分别介绍两种方法制备植物 RNA,一种是异硫氰酸胍-酚抽提法,另一种是用 Trizol 试剂盒(Invitrogen 公司的产品)提取。前者可根据植物组织的种类不同调整操作步骤,后者适用于小样制备。

三、实验材料与用具

1. 材料:植物幼叶。

2. 药品:预冷的无水乙醇和 70% 乙醇、液氮、焦碳酸二乙酯(DEPC)、吗啉代丙烷磺酸(MOPS)、异硫氰酸胍(GITC)、乙酸钠(NaAc)、氯仿、水饱和酚、甲醛、乙二胺四乙酸(EDTA)、琼脂糖、异丙醇、柠檬酸钠、十二烷基肌氨酸钠、β-巯基乙醇、甲酰胺、溴化乙锭(EB)等。

3. 仪器:高速冷冻离心机、台式离心机、紫外可见光分光光度计、恒温水浴锅、低温冰箱、电泳仪、水平电泳槽(用前先用 1% NaOH 溶液浸泡过夜,之后再用 DEPC 水浸泡冲洗)、凝胶成像系统、高压灭菌锅、超净工作台等。

4. 用具:研钵、药匙、滤纸、冰盒、一次性手套、1.5mL 离心管(EP 管)、20mL 离心管、移液器及枪头(大、中、小)、剪刀等。

5. 试剂:

(1)异硫氰酸胍溶液:4mol/L 异硫氰酸胍,25mmol/L 柠檬酸钠(pH7.0),0.5% 十二烷基肌氨酸钠,0.1mol/L β-巯基乙醇(用时添加)。

(2)0.1% DEPC 水:0.1mL DEPC 加入 100mL 双蒸水中,振摇过夜,再高压蒸汽灭菌。

(3)70% 乙醇:用 DEPC 处理水配制 70% 乙醇(所用器皿要经过高温灭菌),然后装入高温烘烤过的玻璃瓶中,存放于低温冰箱。

(4)2mol/L NaAc 和 3mol/L NaAc(pH5.0):用乙酸和水调 pH 至 5.0。

(5)4mol/L LiCl:用 DEPC 水配制。

(6)5×MOPS 电泳缓冲液(pH7.0):0.1mol/L MOPS,40mmol/L NaAc,5mmol/L EDTA。

(7)Trizol 试剂盒(Invitrogen 公司的产品)。

四、实验步骤

(一)异硫氰酸胍-酚抽提法

1.剪取 1.5g 幼叶,放入研钵,反复加入液氮充分研磨至粉末状。将粉末移入灭菌过的 20mL 离心管中,加入 4mL 异硫氰酸胍溶液,300μL 2mol/L NaAc,3mL 水饱和酚,0.6mL 氯仿,混匀。置冰上 30min。

2.4℃,13000r/min 离心 15min。弃沉淀,将上清液转移至另一灭菌过的 20mL 离心管中,加入等体积的异丙醇或 2 倍体积的无水乙醇,混匀,-20℃沉淀 30~60min。

3.4℃,13000r/min 离心 20min。弃上清,在沉淀中加入 1mL 4mol/L LiCl,使其溶解。移入 1.5mL 离心管中,冰浴 2h。

4.4℃,13000r/min 离心 15min。弃上清,在沉淀中加入 400μL DEPC 水,再加入 400μL 氯仿,混匀。

5.4℃,13000r/min 离心 6min。取上清,并加入 1/10 体积 3 mol/L NaAc,2 倍体积无水乙醇,-20℃,放置 30min。

6.4℃,13000r/min 离心 10min。将沉淀 RNA 用 70%乙醇洗涤 2 次。

7.将沉淀 RNA 室温下稍干燥。加 30μL DEPC 水溶解,-70℃保存。

(二)用 Trizol 试剂盒提取

1.将植物组织在液氮中磨成粉末后,再以 50~100mg 组织加入 1mL Trizol 液研磨,注意样品总体积不能超过所用 Trizol 液体积的 10%。

2.研磨液室温放置 5min,然后每 1mL Trizol 液加入 0.2mL 氯仿,盖紧离心管,用手剧烈摇荡离心管 15s。

3.取上层水相于一新的离心管中,每 1mL Trizol 液加入 0.5mL 异丙醇,室温放置 10min,13000r/min 离心 10min。

4.弃上清液,每毫升 Trizol 液至少加入 1mL 75%乙醇,旋涡混匀,4℃下 7500r/min 离心 5min。

5.小心弃去上清液,然后室温或真空干燥 5~10min,注意不要干燥过分,否则会降低 RNA 的溶解度。然后将 RNA 溶于水,必要时可 55~60℃水浴 10min。提取的 RNA 最终保存于-70℃。

(三)紫外分光光度法分析纯度和含量

1.纯度:取 1μL RNA 原液,放在 0.5mL EP 管中,加入 249μL ddH₂O,用移液枪反复混匀。用 ddH₂O 为空白对照。倒掉比色杯中的水,加入稀释并混合均匀的 RNA 样液,测定 OD$_{260}$/OD$_{280}$,若 OD$_{260}$/OD$_{280}$≥1.8,说明 RNA 纯度满足实验要求。

2.浓度:样品 RNA 浓度(μg/mL)=OD$_{260}$×40×稀释倍数。

（四）甲醛变性琼脂糖凝胶电泳分析完整性

1.配制 1.2%变性琼脂糖凝胶(40mL)：称取 0.48g 琼脂糖,加入 DEPC 水 25.2mL,5×电泳缓冲液 4mL,加热溶解,稍冷却加入甲醛 3.4mL,混匀,制胶(参见实验十一),室温凝固0.5~1h。

2.待电泳样品：取 RNA 原液 2μL,加入甲醛 2.5μL、甲酰胺 7.5μL、5×MOPS 4μL、上样缓冲液 2μL、灭菌的 DEPC 水 2μL,混匀并离心,放于 65℃下温育 5min 后,置于冰上。

3.电泳检测：将 1.2%变性琼脂糖凝胶放入水平电泳槽中,加 1×MOPS 电泳缓冲液,覆盖凝胶约 2mm。将 RNA 样品加到凝胶点样孔中,在 5V/cm 条件下电泳 30min,然后在 EB中染色 15~20min,在紫外灯下观察提取的 RNA 的质量。

4.结果：如图 2-2 所示,植物 RNA 电泳后主要显示出 2 条带,分别是含量较高的 28S 和18S,其他的带,因量少显带不明显。

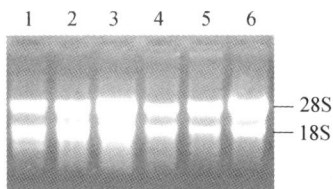

图 2-2　棉花组织总 RNA 的 1.2%甲醛变性琼脂糖凝胶电泳

五、注意事项

1.在研磨过程中,应不断添加液氮,使组织保持冰冻状态。

2.RNA 酶是一类生物活性非常稳定的酶类,除了细胞内源 RNA 酶外,外界环境中均存在 RNA 酶,能耐高温、耐酸、耐碱,高压灭菌处理也不能使其完全失活。所以在提取 RNA 实验中,要尽量抑制内源 RNase 的活性,以及避免外源 RNase 污染。内源的 RNase 一般利用蛋白质变性剂(如苯酚、氯仿、胍、SDS、十二烷基肌氨酸钠等)来抑制,而避免外源 RNase 污染,主要通过操作时注意清洁(如操作时戴手套,使用的枪头、EP 管、溶液等都用 0.1% DEPC 处理,玻璃器皿等在 250℃烘烤 4h 以上)来实现。

3.DEPC 是一种具有致癌嫌疑的有机物,相关操作要在通风橱中完成。另外,DEPC 对单链的 DNA 或 RNA 具有破坏作用,利用 DEPC 处理过的溶液和物品都要经过高温灭活处理后才可以使用(DEPC 会分解成水和 CO_2)。所有沾染 DEPC 的液体或物品在使用、遗弃前要高温灭活处理。

4.RNA 沉淀可保存在 75%乙醇中,2~8℃一个星期以上或−20℃一年以上。如需长期保存,RNA 可以溶解于 100%甲酰胺中,−70℃长期保存。

六、实验报告及思考题

1.每 2 人一组,提取植物 RNA,并检测其纯度、浓度和完整性。

2.有人认为"RNA 提取是否能成功,关键是内源和外源 RNA 酶是否得到有效抑制",你同意吗? 说明理由,并指出体现在哪些过程中。

3.如何避免提取的 RNA 中有 DNA 污染?

实验十三 大肠杆菌质粒 DNA 的提取

一、实验目的

掌握基因工程操作技术中最常用的从大肠杆菌中提取质粒 DNA（质粒载体）的原理和方法。

二、实验原理

大肠杆菌的质粒（plasmid in *E. coli*）是染色体外的能独立复制的共价闭合环状双链 DNA 分子，能够提供给宿主细胞一些表型，如抗药性和分解复杂有机物的能力。天然质粒经过改造后可以作为基因工程的载体，这种质粒载体在基因工程中具有极广泛的应用价值。因此，质粒的分离与提取是分子生物学最常用、最基本的实验技术之一。

大肠杆菌的质粒提取可分以下三步进行：细菌的培养、菌体的收集和裂解、质粒 DNA 的纯化。细菌的培养通常是在选择性液体培养基中（如含适当浓度的抗生素）接种一含有质粒的宿主菌，于 37℃、150～250r/min 摇培过夜。细菌的收集可以采用离心的方法，为了防止细菌的代谢产物影响质粒的纯度，可以用液体培养基或生理盐水漂洗细菌沉淀 1～2 次。细胞裂解的方法有很多，如去污剂法、煮沸法、碱变性法等。这些方法各有利弊，要根据质粒的性质、宿主菌的特性及后续的纯化方法等多种因素加以选择。为了满足一些实验的要求，粗提的质粒还需要进一步纯化，氯化铯-溴化乙锭密度梯度超速离心纯化质粒 DNA 是经典的方法。

实验室提取细菌质粒最常用的方法是碱裂解法，因它具有提取产量高、速度快等优点。其原理主要是：在碱性溶液中，双链 DNA 氢键断裂，DNA 双螺旋结构遭破坏而发生变性，但由于质粒 DNA 相对分子质量较小，且呈环状超螺旋结构，即使在高碱性条件下，两条互补链也不会完全分离。当加入中和缓冲液时，变性质粒 DNA 又恢复到原来的构型；而线性的相对分子质量大的细菌染色体 DNA 则不能复性，与细胞碎片、蛋白质、SDS 等形成不溶性复合物，通过离心沉淀，细胞碎片、染色体 DNA 和大部分蛋白质等可被除去，而质粒 DNA 及相对分子质量小的 RNA 则留在上清液中。混杂的 RNA 可用 RNA 酶（RNAase）消除，再用酚-氯仿处理，可去除残留的蛋白质。

现在，很多生物公司均有提取质粒的试剂盒出售，可选购和使用。这类试剂盒多采用在碱裂解法的基础上通过特殊的吸附柱来纯化质粒 DNA。经碱裂解获得的含质粒的上清液与高盐缓冲液混合，加到能高效、专一吸附 DNA 的特殊硅基质填充的离心式吸附柱子中，再用洗涤缓冲液通过离心法洗去蛋白质、盐等杂质，最后用洗脱缓冲液将质粒 DNA 洗脱下来。在提取液中含有 RNase A，可以在提取纯化过程中除去 RNA，而不用另外单独加 RNase A 除去 RNA。该方法由于不用苯酚-氯仿抽提，减少了对质粒 DNA 的破坏，而且纯度很高，超螺旋状质粒占 80%～90%。

本实验只介绍碱裂解法，对于试剂盒法可按照试剂盒操作说明书进行操作。

三、实验材料与用具

1.材料:含质粒的大肠杆菌。

2.设备:高压灭菌锅、超净工作台、恒温摇床、台式高速离心机、旋涡振荡器、真空抽干燥器等。

3.用具:培养用试管、量筒、冰盒、1.5mL 离心管、塑料离心管架、滴管、微量取液器(10μL、100μL、1000μL)及其吸头等。

4.试剂:

(1)溶液Ⅰ:50mmol/L 葡萄糖,10mmol/L EDTA,25mmol/L Tris-HCl(pH8.0),用前加溶菌酶 4mg/L。

(2)溶液Ⅱ:0.2mol/L NaOH 溶液(内含 1% SDS),现配现用。

(3)溶液Ⅲ(pH4.8):60mL 5mol/L 乙酸钾,11.5mL 冰醋酸,28.5mL H_2O。

(4)酚-氯仿(1:1,V/V),其中酚用 TE 缓冲液(10mmol/L Tris-HCl,1mmol/L EDTA,pH8.0)平衡饱和。

(5)TE 缓冲液(pH8.0):10mmol/L Tris-HCl,1mmol/L EDTA。

(6)20μg/mL 的 RNA 酶(RNase A)。

(7)其他:异丙醇,70%乙醇,无水乙醇,上样缓冲液。

四、实验步骤(碱裂解法)

(一)含质粒大肠杆菌的培养

1.配制 LB 液体培养基和 LB 固体培养基。LB 液体培养基:每升含胰蛋白胨 10g,酵母提取物 5g,NaCl 10g,用 NaOH 溶液调 pH 至 7.5,高压灭菌。LB 固体培养基:每升含胰蛋白胨 10g,酵母提取物 5g,NaCl 10g,琼脂 15g,用 NaOH 溶液调 pH 至 7.5,高压灭菌。

2.在含 Amp 100mg/mL 的琼脂培养基平板上(划线或涂抹)培养(37℃,18~20h)出单菌落。

3.在培养管中加入含 Amp 100μg/mL 的 LB 液体培养基(4~5mL/管),挑取单菌落至培养基中。将培养管倾斜插在摇床中,37℃摇过夜(约 200r/min,14~16h,一般不超过 18h)。如需大量提取,挑取单菌落至含 50mL LB 培养基的三角瓶中,37℃摇 18h。

(二)质粒 DNA 的抽提(如使用冷冻离心机,设为 4℃预冷)

1.吸取 1.5mL 菌液至 1.5mL 离心管中。

2.离心(10000r/min,1min),弃上清液(如想提取多一点 DNA,再吸取 1.5mL 菌液至同一离心管中,离心,弃上清液)。

3.用移液器尽可能除去上清液,加入 150μL 溶液Ⅰ,用旋涡振荡器充分悬浮菌体,室温放置 10h。

4.加入 200μL 溶液Ⅱ,加盖,颠倒 2 或 3 次,温和混匀,冰浴 5min。

5.加入 150μL 预冷的溶液Ⅲ,加盖后颠倒 10 次左右,温和混匀,冰浴 15min,或放入 -20℃冰箱 5min(避免过长时间产生冻结)。

6.离心(10000r/min,5min),取上清液于另一干净离心管中。

7.向上清液中加等体积的酚-氯仿,振荡混匀抽提,离心(10000r/min,2min)。

8. 取上清液于另一干净离心管中,加入 1/100 体积的 RNase 溶液,37℃温育至少 30min,以除去 RNA。

9. 加 2 倍体积室温无水乙醇(大量提取时上清液的容量大,可用 0.6 倍体积异丙醇代替乙醇),混匀,室温放置 2min,离心(10000r/min,5min,室温),倒掉上清液。抽真空或把离心管倒扣在吸水纸上,吸干液体。

10. 加 0.5mL 70%乙醇振荡,洗 DNA 沉淀一次,离心 2min,倒掉上液。

11. 真空抽干燥或室温自然干燥。加 18μL TE 缓冲液使 DNA 完全溶解,－20℃保存备用。质粒 DNA 的产量一般为 3～5μg/mL 菌液。此 DNA 可直接用于限制性内切核酸酶切割等反应。如需要更高纯度的 DNA,可进一步纯化,或使用厂商提供的质粒纯化试剂盒提取。

（三）质粒 DNA 的电泳检测

取上述提取的质粒 10μL 与上样缓冲液 2μL 混合,将混合液加到琼脂糖凝胶的点样孔中,然后电泳。电泳后经 EB 染色,在紫外灯下常常可看到 3 条质粒带型,根据质粒移动的快慢,从负极(凝胶点样孔一端)到正极,分别为开环(OC)、线状(L)和超螺旋(SC)三种形式。根据其中线状条带的位置与已知相对分子质量的标准线状 DNA 分子(Marker)比较,可以估算质粒的相对分子质量。如果样品中污染了细菌染色体 DNA,则表明电泳点样孔中有亮带,多由碱裂解中振荡过于剧烈造成细菌染色体 DNA 剪切或加入溶液Ⅱ后放置时间过长等原因引起。试剂盒提取的质粒 DNA 分子超螺旋形式大,电泳结果往往只有一条带或两条带。

五、注意事项

1. 抗生素不需要高温灭菌,待培养基灭菌后冷却到不烫手的时候再加入。

2. 为避免细菌污染环境,多余的菌液经煮沸杀灭后方可倒入洗涤槽。

3. 加入 NaOH 溶液和乙酸钾溶液(pH4.8),摇匀时一定要温和,不能剧烈摇动。

4. 在用酚-氯仿萃取后,吸取上清液时,应注意勿将下层酚-氯仿吸入以免带杂质,但也不要留下太多上清液,使 DNA 损失较多。

六、实验报告及思考题

1. 碱裂解法中的溶液Ⅰ、溶液Ⅱ和溶液Ⅲ分别起什么作用?

2. 在碱裂解法中,细菌染色体 DNA 与质粒 DNA 分离的主要依据是什么?操作时应注意什么?

3. 提取的质粒经电泳后为什么有 3 条带,而单酶切以后只有一条带?

实验十四　载体和目的 DNA 的酶切与电泳回收

一、实验目的

学习利用限制性内切酶切割质粒(载体)和含目的片段的重组质粒的方法,并通过电泳检测酶切效果,为以后的连接作准备。

二、实验原理

在 DNA 片段采用黏性末端连接时,必须对目的 DNA 分子和载体分子进行酶切以获得相应的黏性末端,然后才能进行连接。因此,DNA 的限制酶剪切是制备带有适当末端的载体和插入目的 DNA 分子的前提。酶切包括单酶切和双酶切。单酶切操作比较简单,只需将限制酶最适的缓冲液、目的 DNA 和相应的限制酶混合,用灭菌的 ddH_2O 补足体积,在 37℃ 水浴 1~3h 即可。但是,对于双酶切,特别是当两种酶所用的缓冲液成分不同(主要是盐离子浓度不同)或反应温度不一致时,操作就显得复杂一些,这时可以采用如下措施解决:①先用一种酶切,然后用乙醇沉淀回收 DNA 分子后再用另一种酶切;②先进行低盐要求的酶切,加热失活酶后添加盐离子浓度到高盐的酶反应要求,加入第二种酶进行酶切;③使用通用缓冲液进行双酶切。具体要根据酶的反应要求进行,尽量避免星号效应。所谓星号效应,是指限制酶在通常的识别序列之外发生切割反应,通常发生在非适当反应条件下,如低离子强度、高酶浓度、高甘油浓度、高 pH 或 Mn^{2+} 替换 Mg^{2+}。

载体和目的 DNA 片段经酶切后,如果无多余的片段(如载体的单酶切)可以用酚-氯仿抽提,经乙醇沉淀回收后用于连接。但常常还有多余片段,必须经电泳分离后回收目的片段。DNA 片段的回收,既可以采用低熔点胶法和冻融法等经典方法,也可以采用商品化的试剂盒。而商品化的试剂盒也多采用凝胶裂解液(如含有降低熔点的 NaI)融化凝胶释放 DNA 后,采用特殊的硅胶树脂或玻璃奶吸附 DNA,再用洗液洗去杂质,最后用洗脱液洗出 DNA。

三、实验材料与用具

1. 材料:植物 DNA(参见实验十一),质粒 DNA(参见实验十三)。

2. 试剂:限制酶、ddH_2O、玻璃奶试剂盒(裂解缓冲液、漂洗液、玻璃奶等)、1% 低熔点胶、琼脂糖、TE 缓冲液、酚-氯仿、氯仿、无水乙醇、70% 乙醇等。

3. 仪器:离心机、水浴锅、电泳装置、微量移液枪、紫外透射观测仪等。

四、实验步骤

（一）植物基因组 DNA 的限制酶消化

1. 在一灭菌的 1.5mL 离心管中依次加入 $20\mu L$ 植物基因组 DNA($1\mu g/1\mu L$)、$10\mu L$ 酶切缓冲液、$10\mu L$ 限制酶(约 200U)和 $60\mu L$ ddH_2O 至总体积 $100\mu L$。

2. 混匀,稍离心;37℃ 水浴 12h。

注:因植物 DNA 的相对分子质量很大,扩大酶切反应液体积,增大酶量(1μg 植物 DNA/10～15U 酶)和延长酶切时间,可以获得较好的酶切结果。

3.70℃水浴 10min,终止酶切反应;电泳检测酶切效果。如图 2-3 所示,因植物基因组很大,其 DNA 经酶切会产生大量的长短不一的片段,电泳结果很难看到清楚的条带。

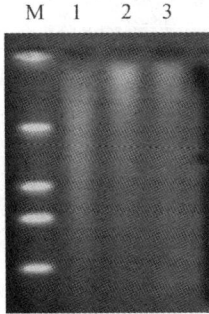

图 2-3 植物 DNA 经 EcoR I 酶切后的电泳图
注:M 为 marker,1～3 依次为水稻、棉花和油菜 DNA

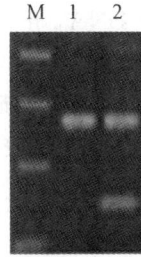

图 2-4 质粒酶切后电泳图
注:M 为 marker,1 和 2 分别为单酶切和双酶切的质粒

(二)质粒载体的限制酶消化

1.单酶切

(1)在一灭菌的 1.5mL 离心管中依次加入 2μL 质粒 DNA(1μg/1μL)、2μL 酶切缓冲液、1μL 限制酶(约 10U)和 15μL ddH₂O 至总体积 20μL。

(2)混匀,稍离心;37℃水浴 1～3h。

(3)70℃水浴 10min,终止酶切反应;电泳检测酶切效果(图 2-4)。

2.双酶切

(1)在一灭菌的 1.5mL 离心管中依次加入 2μL 质粒 DNA(1μg/1μL)、2μL 酶切缓冲液、1μL 限制酶 1、1μL 限制酶 2 和 14μL ddH₂O 至总体积 20μL。

(2)混匀,稍离心;37℃水浴 1～3h。

(3)70℃水浴 10min,终止酶切反应;电泳检测酶切效果(图 2-4)。

注:若限制酶在环状质粒 DNA 中只有唯一的识别位点,且酶切完全,在紫外灯下检测电泳结果,则单酶切应为一条带,而双酶切则为两条带(图 2-4)。如果条带数目不符合理论值,那么有可能是酶切不完全。如果酶切结果与酶切前的质粒条带一样(超螺旋、线性和开环 3 条带),则说明质粒完全没有被切开。

(三)DNA 片段经电泳分离后的回收与纯化

可采用以下三种方法中的一种。

方法一 低熔点胶法

1.DNA 片段经凝胶电泳分离后,目的 DNA 条带的前端挖一长方形槽,向槽中加入融化的低熔点胶,待凝固后进行电泳;当 DNA 条带进入低熔点胶中心时停止电泳,在紫外灯下切取含目的条带的低熔点胶。

2.将切下的胶放到离心管中,加入 200μL TE,65℃温浴 3min 以融化低熔点胶。

3.分别用酚-氯仿、氯仿抽提一次,取上清,加入 2 倍体积的无水乙醇,−20℃沉淀 DNA 2h 以上。

4.12000r/min 离心 15min,弃上清,用 70％乙醇洗涤,吹干后溶于 $10\mu L$ 无菌水中,取 $1\mu L$ 电泳检测。

方法二　冻融法

1.电泳后直接切取凝胶中目的 DNA 条带,放入离心管中;向管中加入 $200\mu L$ TE,再加入 2 倍体积酚,放液氮中冻 2min,在 65℃水浴中融化 10min,这样重复数次。

2.10000r/min 离心 5min,取上清,加 2 倍体积 100％冰乙醇,—20℃沉淀过夜。

3.离心回收 DNA,用 70％乙醇洗一次后溶于适量的 TE 或无菌水中,电泳检测回收效果。

方法三　玻璃奶法(试剂盒法)

1.在紫外灯下从电泳胶中切取目的 DNA 条带,放入离心管中;向管中加入 3 倍体积的凝胶裂解缓冲液混匀。

2.60℃水浴 5min,以融化凝胶;加入 $10\mu L$ 玻璃奶混匀,室温静置 5min。

3.8000r/min 离心 1min,弃上清;加入 $125\mu L$ 漂洗液混匀;8000r/min 离心数秒钟,弃上清;再加入 $125\mu L$ 漂洗液,如此反复两次。

4.向沉淀中加入适量 ddH_2O 混匀;60℃水浴 5min,1500r/min 离心 2min,回收上清,取 $10\mu L$ 电泳检测。

五、注意事项

1.要使 DNA 酶切完全,一般是尽量扩大酶切体系,这样可使抑制因素得以稀释。对于基因组 DNA,酶的用量较大,一般为 $1\mu g/10U$;所加酶的体积不能超过酶切总体积的 1/10,否则甘油浓度会超过 5％,会产生星号效应。对难以酶切的质粒或基因组 DNA,应延长反应时间到 4～5h,甚至过夜。

2.灭活限制酶活性,可以采用加热灭活、乙醇沉淀、酚-氯仿抽提、添加 EDTA 或 SDS 等方法,具体到每一种酶可能有些方法不能完全灭活,这一点需要注意。

六、实验报告及思考题

1.限制酶消化的植物基因组 DNA 经电泳分离后,为什么没有清楚的条带?

2.为什么要对电泳回收的 DNA 进行纯化?

3.假设一种限制酶在重组质粒上有两个酶切位点,如果酶切后的电泳显示有 3 条带,分析可能的原因,并采取措施解决。

实验十五　植物基因的分离

一、实验目的

掌握分别用 PCR（polymerase chain reaction，聚合酶链反应）扩增法和 RT-PCR（reverse transcription PCR）法从植物基因组中分离获得目的基因的原理和方法。

二、实验原理

PCR（聚合酶链反应）是一种与体内 DNA 复制过程类似的体外扩增特异 DNA 片段（目的基因）的反应。在基因克隆中，如果植物基因组中含有目的基因的 DNA 序列，就可以通过设计一对引物并应用 PCR 方法直接从基因组 DNA 中扩增出目的基因。这种以 DNA 为模板进行的 PCR 称为普通 PCR。

另一种分离目的基因片段的 PCR 是 RT-PCR。以基因转录产物 mRNA 为起始模板，反应体系中加入逆转录酶，RNA 经过逆转录酶逆转录为 cDNA，再以 cDNA 作为模板进行的 PCR 反应，称为逆转录 PCR（RT-PCR）。因此，用 RT-PCR 法获得的基因，实际上是与 mRNA 互补的 cDNA 片段，可不必构建 cDNA 文库克隆 cDNA。这项技术还可以用来检测基因转录表达水平高低（qRT-PCR，定量 RT-PCR）和差异（mRNA 差别显示）等。

PCR 反应是在 PCR 仪的 PCR 管内完成的，管内含有的基本成分包括模板 DNA、dNTP（4 种单核苷酸）、一对特异性引物（人工合成的约由 20 个碱基组成的短 DNA 链）、耐热性 DNA 聚合酶和含 Mg^{2+} 的缓冲液，反应物体积通常为 $25\sim100\mu L$。典型的 PCR 由高温变性（DNA 由双链变成单链）、低温退火（两个引物分别与目的基因两端互补结合）、适温延伸（dNTP 从引物 $3'$-掺入，合成一条与目的基因互补的链）三个步骤构成一个循环，经过 n 次循环后，目的基因的分子数可以达到 2^n。使极微量的目的基因得到扩增，无须经过繁琐费时的基因克隆过程，便可获得足够数量的目的基因，所以有人称之为无细胞分子克隆法。

依据 PCR 扩增技术原理，现已发展了包括逆转录 PCR、反向 PCR、锚定 PCR 和嵌套 PCR 等在内的多种 PCR 扩增技术。本实验重点介绍普通 PCR 和 RT-PCR 两种方法扩增植物基因。

三、实验材料与用具

1. 材料：植物 DNA 和 RNA（制备方法可参见实验十一和实验十二）

2. 试剂：

(1) PCR 扩增试剂盒、RT-PCR 试剂盒、灭菌 ddH_2O 等。

(2) 蔗糖合成酶基因的引物：引物 Ⅰ（Primer Ⅰ）：5′-GGGATAAGATCTCCCAAG-3′；引物 Ⅱ（Primer Ⅱ）：5′-GCTTACGGTACTTAAGAG-3′。

3. 仪器：PCR 扩增仪、电泳装置、紫外观测仪等。

4. 用具：1.5mL 管、0.2mL 小离心管（PCR 管）。

四、实验步骤

（一）普通 PCR 扩增法获取目的基因

1. 模板 DNA 准备：在灭菌 1.5mL 管中分别加入 100ng～1μg 植物 DNA（模板 DNA），用灭菌 ddH$_2$O 补足体积至 25μL。沸水浴 5～10min，取出立即置于冰上，使 DNA 充分变性。

2. 反应体系配制：在一灭菌的 0.2mL 小离心管（与 PCR 仪的孔径配套）中依次加入：

10×Taq Buffer	5μL
DNA 模板	1μL
dNTPs(10mM)	1μL
Primer Ⅰ (10pmol/μL)	1μL
Primer Ⅱ (10pmol/μL)	1μL
Taq 酶	1μL (2U)，若采用热启动，暂不加
H$_2$O	补足至 50μL

3. PCR 扩增：含样品的离心管稍离心后，置冰上备用，待 PCR 仪温度升至 90℃ 时插入离心管，30s 后按 Pause 键暂停，加入 Taq 酶 0.5μL（此为热启动，可以防止非特异性扩增）。PCR 仪的循环条件为：95℃ 变性 1min，55℃ 退火 30s，72℃ 延伸 50s，共进行 30 轮循环，然后 72℃ 再延伸 7min，以补平 DNA 末端。

4. 产物检测：1% 琼脂糖凝胶电泳检测，紫外灯下照相。

（二）RT-PCR 法获取目的基因

逆转录试剂盒通常含有以下成分：

Oligo(dT)$_{15}$	20μL
逆转录酶(M-MLV RT：200U/μL)	20μL
5×M-MLV RT 酶反应缓冲液	100μL
RNase Inhibitor	10μL
dNTPs(10mM each)	40μL
RNase-free H$_2$O	1mL
Taq 酶(5U/μL)	20μL
10×PCR 反应缓冲液（含 Mg^{2+}）	120μL

1. 逆转录反应：按试剂盒说明书，以植物总 RNA 为模板，首先进行逆转录（第一链 cDNA 的合成）。

(1) 在灭菌 1.5 mL 管中，依次加入如下组分：

RNA 模板	0.5～2μg
Oligo(dT)$_{15}$	1μL
RNase-free H$_2$O	补足至 10μL

(2) 70℃ 放置 5min，然后迅速置于冰上 5min。

(3) 依次加入如下组分：

M-MLV 5×Buffer	4μL
dNTPs(10mM)	1μL
RNase Inhibitor	0.5μL

| M-MLV RT | $1\mu L$ |
| RNase-free H_2O | $3.5\mu L$ |

（4）37℃反应 1h。

（5）75℃孵育 15min 终止反应,保存于－20℃或直接用于下游实验。

2.PCR 反应

（1）取上述产物 $1\mu l$ 作为 $50\mu l$ PCR 反应体系模板;若待测基因丰度高,可适当稀释模板。

$10\times$ Taq Buffer	$5\mu L$
DNA 模板	$1\mu L$
dNTPs(10mM)	$1\mu L$
Primer Ⅰ (10pmol/μL)	$1\mu L$
Primer Ⅱ (10pmol/μL)	$1\mu L$
Taq 酶	$1\mu L(2U)$
H_2O	补足至 $50\mu L$

（2）PCR 程序:

95℃	3min	
95℃	30s	
退火温度 50℃	45s	循环 30 次
72℃	依扩增片段大小调整(1kb/min)	
72℃	10min	

（3）产物检测:扩增完毕后将扩增产物进行 1‰琼脂糖凝胶电泳检测。如图 2-5 所示,以棉花叶片、胚珠和纤维细胞的 RNA 为模板,在蔗糖合成酶基因的特异引物的指导下进行 RT-PCR,合成出的该基因的 cDNA 可用于下游实验(参见实验十六)。

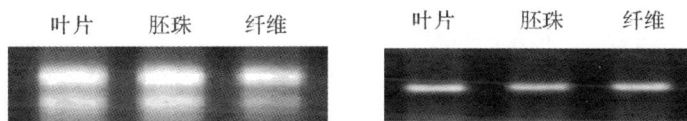

图 2-5　棉花 RNA 凝胶电泳(左)和蔗糖合成酶基因的 RT-PCR 结果(右)

五、注意事项

1.PCR 产物经电泳检测在预计的相对分子质量处应呈现明显的 DNA 条带,但有时可能出现弥散区带或非特异条带,甚至没有条带,这种现象在以植物 DNA 为模板时常会出现,其原因可能是 DNA 分子大和复杂度高、退火温度低、延伸时间长、引物和模板量大等。解决的方法有采用热启动(如本实验)、减少模板和引物量、提高退火温度、降低退火和延伸时间、减少循环次数、改变 Mg^{2+} 浓度等。

2.用于 RT-PCR 反应的模板总 RNA 要求完整性和纯一性都比较好,不能被降解和混有 DNA。RT-PCR 反应很灵敏,反应体系中各成分的用量需要参照不同公司产品的说明;退火温度的设定也要根据引物的退火温度而定,以防止非特异条带的出现。

3.引物的序列特异性是决定 PCR 特异性扩增的主要因素。设计引物应考虑下列条件:

（1）引物一般长度为 15～30bp,过短会降低引物特异性,过长会降低与模板 DNA 的复性速率,降低扩增效率。

(2)碱基随机分布,(G+C)%含量宜为 45%~55%,避免 4 个以上的相同碱基排列。

(3)引物内部不应形成二级结构,两引物之间不能互补。

(4)引物 3′端碱基最好选 T、C、G 而不选 A,这样有利于延伸。

(5)引物 3′端与模板的碱基完全配对对于获得好的结果是非常重要的,而 3′端最后 5~6 个核苷酸应尽可能与模板配对。

(6)为了便于后续分析,可以在引物 5′端添加不与模板互补的额外序列,不影响引物的正常退火和特异性。这些额外序列包括:便于后续克隆的酶切位点序列、便于后续表达的启动子序列、便于 PCR 表达产物纯化检测的蛋白质结合序列标签等。

(7)一般的 Taq 酶没有 3′→5′外切核酸酶校正功能,所以错误掺入率为 2×10^{-4}。高保真耐高温 DNA 聚合酶,如重组 Pfu DNA 聚合酶、Vent 和 Deep Vent DNA 聚合酶等,具有 3′→5′外切核酸酶活性,错误掺入率比普通的 Taq 酶降低 1~2 个数量级。此外还有扩增长 DNA 片段(4~20kb)的 LA Taq 酶。可以根据实际需要,选择不同类型的耐热性 DNA 聚合酶。

六、实验报告及思考题

1. RT-PCR 与 PCR 的区别是什么?

2. 如果 PCR 不能扩增出目标条带,或扩增出非特异条带,可能有哪几方面的原因?

3. PCR 引物 5′端添加不与模板互补的额外序列,不会影响引物的正常退火和特异性,为什么?如果要求 PCR 产物的两端各有一个限制性酶切位点,以便于其后续克隆,请问如何设计引物?

实验十六　植物基因表达载体的构建

一、实验目的

通过学习植物基因表达载体(双元载体)的基本结构与功能,以及外源基因与载体连接的原理,掌握植物基因表达载体的构建方法。

二、实验原理

获得目的基因后,通常要将目的基因插入植物表达载体中,以构建一个目的基因能在植物细胞内表达的载体。用于植物基因表达的载体,最常用的是根癌农杆菌的 Ti 质粒载体,并可分共整合载体和双元载体两种。其中,双元载体(binary vector)因它既能在农杆菌中又能在大肠杆菌中复制,是具有穿梭载体特性的载体,被广泛应用于植物基因功能研究和转基因育种(表 2-1)。例如,pCAMBIA 系列的双元载体(图 2-6-左)含有能转移和插入植物细胞染色体中的 T-DNA,它的左臂(LB)与右臂(RL)之间有三个区域,一是在 *LacZ* 中有能被外源基因插入的多克隆位点(multiple cloning site),二是植物选择标记基因(plant selection gene),三是报告基因(reporter gene),从而使外源基因、植物选择标记基因和报告基因均能在转基因植物中表达,也可被用来检测转基因是否成功。在 T-DNA 外面区域,有一个细菌选择标记基因(bacterial selection gene),可用于检测农杆菌是否被转化了;又因为含有 pVS1 rep(农杆菌复制子)和 sta(稳定功能)、pBR322 ori(大肠杆菌复制子)和 bom(接合迁移功能)的序列,使该双元载体既能在大肠杆菌中高拷贝复制,又能在农杆菌中稳定复制,以及在两种细菌间接合转移。

表 2-1　常用的双元载体(binary vectors)

载体	植物选择标记	细菌选择标记	LB 和 RB 的来源	复制子		可迁移性	GenBank 编号,网址,E-mail
				根癌农杆菌	大肠杆菌		
pBin19	Kan	Kan	pTiT37	IncP	IncP	Yes	U09365
pBI121	Kan	Kan	pTiT37	IncP	IncP	Yes	AF485783,www.cambia.org
pGreen series	Kan,Hyg,Sul,Bar	Kan	pTiT37	IncW	pUC	No	www.pgreen.ac.uk
pCAMBIA series	Kan,Hyg	Cm,Kan	pTiC58	pVS1	ColE1	Yes	www.cambia.org
pPZP series	Kan,Gen	Cm,Sp	pTiT37	pVS1	ColE1	Yes	maliga@waksman.rutgers.edu
pPCV001	Kan	Ap	RB:pTiC58 LB:Octopine	IncP	ColE1	Yes	koncz@mpiz-koeln.mpg.de

续表

载体	植物选择标记	细菌选择标记	LB 和 RB 的来源	复制子		可迁移性	GenBank 编号，网址，E-ail
				根癌农杆菌	大肠杆菌		
pGA482	Kan	Tc，Kan	pTiT37	IncP	ColE1	Yes	genean@postech. ac. kr
pCLD04541	Kan	Tc，Kan	Octopine	IncP	IncP	Yes	AF184978，www. jic. bbsrc. ac. uk/staff/
pBIBAC series	Kan，Hyg	Kan	Octopine	pRi	F factor	Yes	www. biotech. cornell. edu
pYLTAC series	Hyg，Bar	Kan	Octopine	pRi	Phage P1	No	www. kazusa. or. jp
pSB11	None	Sp	pTiT37	None	ColE1	Yes	AB027256，www. jti. co. jp/plantbiotech
pSB1	None	Tc	None	IncP	ColE1	Yes	AB027255，www. jti. co. jp/plantbiotech

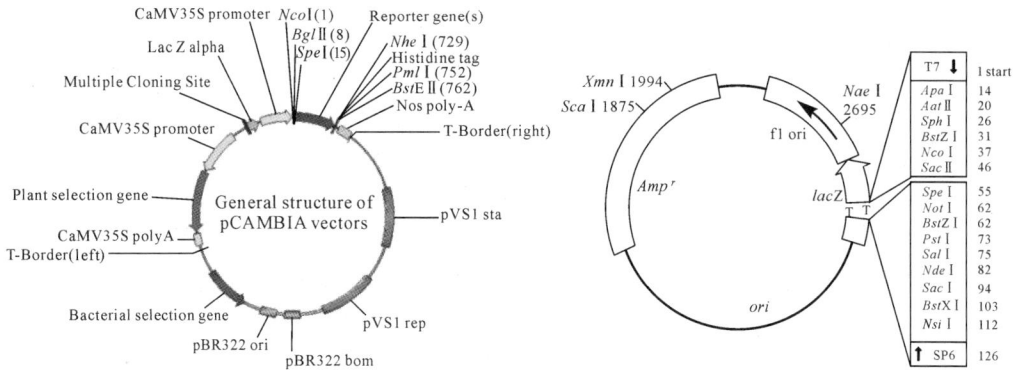

图 2-6　双元载体(左)和 T 载体(右)的结构简图

　　载体一般均有多克隆位点，因含有多种限制性内切酶的切点，经一种或两种限制性内切酶酶切，可将外源基因插入其中，再用 DNA 连接酶使载体与外源基因连接，形成一个重组载体。DNA 连接反应是在 Mg^{2+}、ATP 或 NAD^+ 存在的连接缓冲液系统中进行的，DNA 连接酶利用 NAD^+ 或 ATP 中的能量催化 DNA 链的 $5'PO_4$ 与另一 DNA 链的 $3'-OH$ 生成磷酸二酯键，将两个 DNA 分子连接。

　　另外，有一种专门用来克隆 PCR 产物的 T 载体(图 2-6-右)。商品化的 T 载体以线性 DNA 形式提供，每条链的 $3'$ 端都有一个 T 核苷酸凸出端。PCR 产物与 T 载体直接连接的原理：在用耐热性 DNA 聚合酶(Taq 酶)催化 PCR 反应时都会在 PCR 产物的 $3'$ 末端添加 1 个 A 核苷酸，从而可与 T 载体 $3'$ 末端的"T"核苷酸互补配对，经连接酶作用，完成 PCR 产物与载体的连接。

三、实验材料与用具

1.材料:外源基因片段或 PCR 产物,载体(图 2-6)。

2.设备:高压灭菌锅、离心机、电泳仪、电泳槽、超净工作台、恒温水浴锅、旋涡混合器等。

3.用具:0.5mL 离心管、1.5mL 离心管、吸管头、微量取液器、离心管架等。

4.试剂:

(1)T_4 DNA 连接酶;

(2)T_4 DNA 连接酶缓冲液;

(3)ddH_2O。

四、实验步骤

(一)PCR 产物与 T 载体直接连接

1.事先将恒温水浴锅温度设定在 16℃。

2.取一个灭菌的 1.5mL 离心管,加入:

PCR 产物混合液	4μL
T 载体	1μL
T_4 DNA 连接酶缓冲液	1μL
ddH_2O	3.5μL
T_4 DNA 连接酶(350U/μL)	0.5μL
终体积	10μL

3.上述混合液轻轻振荡后短暂离心,然后置于 16℃水浴中保温过夜。

4.连接后的产物置 4℃冰箱备用,也可立即用来转化感受态细胞(参见实验十七),以鉴定连接效果。

(二)DNA 回收片段与载体连接

1.取一个灭菌的 1.5mL 微量离心管,加入:

经酶切后回收的 DNA 片段	4μL
经酶切后回收的载体	1μL
T_4 DNA 连接酶(350U/μL)	0.5μL
T_4 DNA 连接酶缓冲液	1μL
ddH_2O	3.5μL
终体积	10μL

2.上述混合液轻轻振荡后短暂离心,然后置于 16℃水浴中保温过夜。

3.连接后的产物置 4℃冰箱备用,也可立即用来转化感受态细胞(参见实验十七),以鉴定连接效果。

五、注意事项

1.外源基因或 PCR 产物在与载体连接前,尽量经过切胶回收纯化。

2.影响连接效率的因素主要有反应温度、插入片段和载体之间的摩尔比、DNA 末端性质和连接酶用量等。

　　(1)反应温度是影响连接效率的重要因素。因为连接酶的最适反应温度为 37℃,但在此温度下仅含 4～6bp 的退火黏性末端之间的氢键结合不稳定,不足以抗拒热运动的破坏,因此连接温度应低于酶的最适温度,一般为 4～16℃;平末端连接温度要更低一些(4～8℃)。

　　(2)插入片段和载体之间的摩尔比的影响也较大,摩尔比经验值一般为 3～10,即插入片段要多于载体数,这样有利于提高重组率。

　　(3)连接酶用量与 DNA 片段的性质有关,连接平齐末端,必须加大酶量,一般使用连接黏性末端酶量的 10～100 倍。

六、实验报告及思考题

　　1. 连接酶的最适温度是多少? 为什么本实验中采用的连接温度为 16℃?

　　2. PCR 产物为什么可以用 T 载体直接进行连接?

　　3. 双元载体有何优点?

　　4. 进行连接反应时应注意哪些问题?

　　注:本实验的结果必须根据转化后所得菌落的多少来衡量,因此完成转化实验(实验十七)后提交实验报告。

实验十七　大肠杆菌感受态细胞的制备与转化

一、实验目的

了解细胞转化的概念及其生物学意义；学习和掌握用氯化钙法制备大肠杆菌感受态细胞、外源质粒转入受体菌细胞，以及筛选转化子和重组子的方法。

二、实验原理

体外连接的重组 DNA 分子导入合适的受体细胞才能进行大量复制、增殖和表达，其首要目的是获得大量的克隆基因。虽然 PCR 技术能部分达到大量扩增某一基因片段的目的，但毕竟受到体外操作的许多限制。重组质粒导入宿主细胞最常用的方法之一就是转化（transformation）。转化在基因克隆中特指大肠杆菌吸收并复制质粒 DNA 及其基因表达的过程，它在分子克隆中占据极为重要的地位。基因克隆的环节主要包括转化前的感受态细胞（competent cell）制备、质粒转化感受态细胞，以及转化后的转化子（transformant）筛选和重组子（recombinant）筛选。

1. 感受态细胞的制备：在自然条件下，很多质粒都可通过细菌接合作用转移到新的宿主内，但在人工构建的质粒载体中，一般缺乏此种转移所必需的 *mob* 基因，因此不能自行完成从一个细胞到另一个细胞的接合转移。如需将质粒载体转移进受体菌，需诱导受体细菌产生一种短暂的感受态以摄取外源 DNA。研究表明，细菌处于 0℃ 时，CaCl₂ 低渗溶液中会诱发感受态。因此，本实验用 CaCl₂ 处理法制备大肠杆菌的感受态细胞。

2. 感受态细胞的转化及其转化子的筛选：重组质粒与大肠杆菌接触，在 0℃ 保温一段时间后，会在细菌表面形成抗 DNase 的羟钙磷酸复合物；经 42℃ 短时间的热激处理，促进细胞吸收复合物。在富裕培养基中生长后，质粒拷贝数增加，抗性基因得以表达，感受态细胞得以复原。最后，在含抗生素的平板上可筛选出转化菌落——转化子。

3. 重组子筛选：基因克隆的最后一道工序就是从众多的转化菌（转化子）中筛选出目的阳性克隆并鉴定重组子（含有目的基因的重组质粒）的正确性。通过细菌培养以及重组子的扩增，从而获得目的基因的大量拷贝，可进一步研究该基因的结构、功能或表达产物。从大量的菌落中鉴定出重组子的方法有多种，如插入失活法、抗性筛选、蓝白筛选、杂交筛选、免疫学筛选、酶切图谱鉴定、PCR 鉴定等。其中，蓝白筛选是较常用的方法，在重组子和非重组子的筛选中，它是通过载体和宿主菌之间的基因内互补（也称 α 互补）来实现的。许多载体，如图 2-7 所示的 pUC，以及图 2-6（实验十六）中的双元载体和 T-载体等，都带有包括乳糖操纵子的调控序列和编码 β-半乳糖苷酶 N 端 146 个氨基酸的基因序列，称为 *LacZ'* 基因，产物称 α 肽。*LacZ'* 基因在编码区中构建了多克隆位点，外源基因可插入其中。若有外源基因插入多克隆位点，则破坏可读框产生无活性的 α 肽段。而宿主菌则为缺失产生 α 肽段的突变体，但能产生其余肽段（*LacZ'* 基因的 C 端序列）。当载体转入宿主菌后，质粒 *LacZ'* 基因编码的 α 肽（N 端序列）可与宿主菌的其余肽段（C 端序列）发生互补，形成有活性的 β-半乳糖苷酶，此现象称为 α 互补。此时,在 IPTG 的诱导下,β-半乳糖苷酶能使显色底物 X-gal 分解成蓝色化合物,从而使菌落发蓝。若有外源片段插入载体的多克隆位点,则使 β-半乳糖苷酶基因失活,不能产生 α 肽,形成白色菌落。如图 2-8 所示,我们利用此方法仅通过目测就轻而易举地筛选出重组菌落(白色菌落)。

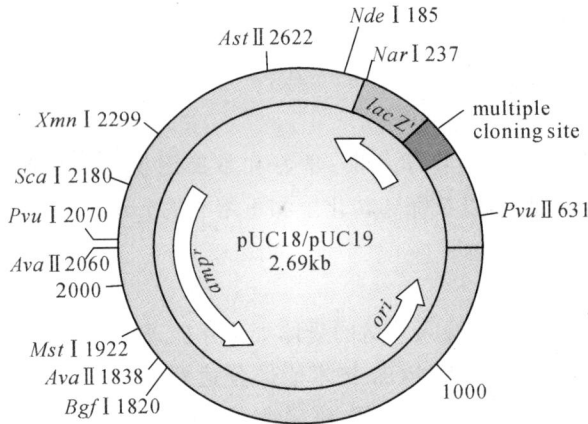

图 2-7　pUC 质粒载体

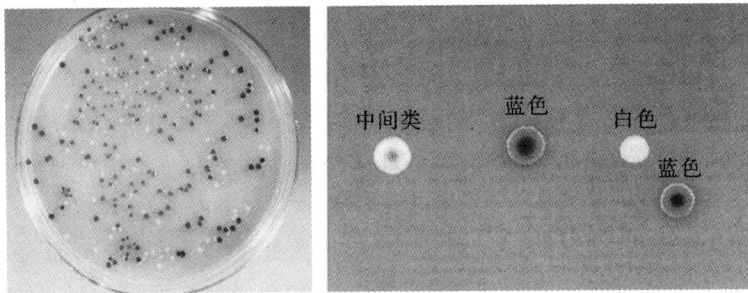

图 2-8　含重组载体的白色菌落和非重组载体的蓝色菌落

三、实验材料与用具

1. 材料:质粒载体(pUC18 或 T-载体)的连接产物、受体菌 DH5α。

2. 试剂:LB 固体(液体)培养基、0.1mol/L CaCl$_2$、100mg/mL 氨苄青霉素钠盐(Amp)、0.5mol/L IPTG(溶解于灭菌水中,抽滤灭菌)、100mg/mL X-gal(溶解于二甲基甲酰胺中)。

3. 仪器:恒温水浴锅、恒温摇床、冰冻离心机、恒温培养箱等。

4. 用具:微量移液器和吸头、三角瓶、培养皿、酒精灯、接种环、玻璃涂布棒、1.5mL 灭菌离心管等。

四、实验步骤

(一)感受态细胞的制备

1. 从超低温冰箱中取出 DH5α 菌种,置于冰上。在超净工作台上用烧过的接种环插入冻结的菌中,然后在 LB 固体培养基平板上交错划线,于 37℃过夜培养,长出菌斑。挑一单菌落于 30mL 的 LB 液体培养基中,37℃、200r/min 摇至 OD$_{600}$ 为 0.2～0.4,取出置于冰上

10～15min。

2. 取 1mL 菌液于灭菌的 1.5 mL 离心管中。4℃、5000r/min 离心 5min,回收细胞。弃上清,吸干残存培养基,加 500μL 冰预冷的 0.1mol/L CaCl$_2$,重悬菌体,冰浴 15～30min。

3. 4℃、5000r/min 离心 5min,回收细胞。弃上清,吸干水,加 100μL 冰预冷的 0.1mol/L CaCl$_2$ 溶液,重悬菌体。放置于 4℃用于转化,若不用,则加 30％甘油后置－70℃中保存。

（二）连接产物的转化

1. 先将恒温水浴锅的温度调至 42℃。

2. 加 10μL 连接产物到含 100μL 感受态细胞的试管中,轻旋以混合内含物,置于冰上 30min。

3. 在恒温水浴锅中 42℃热激 90s,不要摇动试管。置冰上 1～2min。

4. 加 400μL 预热(37℃)的液体培养基,37℃、150r/min 摇培 45～60min。

5. 用微波炉融化 LB 固体培养基,待冷却至 50℃左右时,根据载体的抗性基因加入相应的抗生素,例如,载体 pUC18 的抗性基因为抗氨苄青霉素基因(Amp^r),则加氨苄青霉素至终浓度为 50μg/mL。趁热倒平板,每板 20mL 左右,室温下凝固 10～15min。

6. 取 100μL 菌液(体积不要超过 200μL,如果想多涂菌可以先室温离心回收细胞,弃去一部分培养基后,重悬细菌后再涂)于 1.5mL 离心管内,加入 5μL IPTG 和 30μL X-gal,混匀;然后均匀滴在含抗生素的平板上,用无菌的玻璃涂布棒涂匀(火焰烧过涂布器应凉下来再用,否则容易烫死细菌)。

7. 培养皿用石蜡膜封好后,37℃倒置培养过夜。待出现菌落时取出放在 4℃冰箱中,可使其蓝(白)颜色更加明显。

五、注意事项

1. 质粒 DNA 要纯;受体细菌最好是刚制备好的感受态细胞,不要用经过多次转接或储于 4℃的培养菌。

2. 在蓝白筛选重组子时,在抗性平板上会出现白色菌落和蓝色菌落,白色菌落因含有重组质粒(被插入了外源 DNA 片段的载体)为重组子,蓝色菌落因含有非重组质粒(没有插入外源 DNA 片段的空载体)为非重组子。根据蓝/白的比例可以判断重组率,根据菌落数目可以计算出转化率。一般来说,采用黏性末端连接的重组率较高,而平末端连接的重组率较低。

3. 转化时常常设置阳性对照和阴性对照,以便对实验结果进行合理分析。阴性对照为用灭菌水代替质粒转化的感受态宿主菌,而阳性对照是加入抗性已知的质粒转化感受态宿主菌。阴性对照用来检验宿主菌细胞是否具有抗性,阳性对照则用于监测转化过程是否正确。

4. 平板上的转化菌落,除了用蓝与白颜色区分非重组子与重组子外,还可提取细菌的质粒,进行酶切和电泳,或用 PCR 法扩增,进一步鉴定外源 DNA 片段是否插入质粒载体中。

六、实验报告及思考题

1. 根据实验结果,计算转化率和重组率。

2. 细菌转化的原理是什么? 转化时应注意哪些事项?

3. 简述蓝白筛选的意义和原理。如何用酶切和电泳的方法,以及用 PCR 法,进一步鉴定重组载体中的外源 DNA 片段?

实验十八　农杆菌的培养和保存

一、实验目的

掌握土壤农杆菌的培养方法,以及短期和长期的保存方法。

二、实验原理

农杆菌($Agrobaterium$)是一种寄生在土壤中的革兰阴性杆菌(Gram-negative bacillus),属于根瘤菌科;常在离土壤表层处,通过植物伤口侵入植物的根和茎,使植物发病。与许多其他病原体不同,农杆菌具有将自己的 DNA 转移到植物细胞内,并永久地改变植物的基因组的能力。这个早在 30 年前发现的独特的功能,为我们提供了一个很好的植物基因转化的工具。与基因枪法(粒子轰击法)、电穿孔法和微注射法等物理转化方法(physical transformation method)不同,农杆菌介导的转基因方法是一种利用农杆菌本能的自然转化方法(natural transformation method),具有转化稳定和效率高的优点,是目前植物转基因最常用的方法。

大多数根癌农杆菌($Agrobacterium$ $tumefaciens$)和放射形农杆菌($A.$ $radiobacter$)能在含盐的和含碳源的基本培养基中生长。而发根农杆菌($A.$ $rhizogenes$)、悬钩子农杆菌($A.$ $rubi$)和其他一些营养缺陷型的菌株,就需要在基本培养基中添加一些诸如生物素、烟酸、泛酸盐和谷氨酸盐等的生长因子,才能正常生长。通常农杆菌生长的 pH 是 6.8～7.2,而偏酸的培养基有助于诱导 vir 基因的表达。农杆菌生长的最适温度是 25～30℃。反复继代培养或生长在高温(如 37℃)可能会丢失质粒。在 25℃条件下,平板培养一般 2d 后才出现菌落,但也随菌株和培养基成分的不同而有所变化。若培养基中添加氨基酸和维生素,则会加快原养型农杆菌的生长速度。液体培养需要有氧条件,220r/min 摇床可满足其要求。较大体积培养时,培养瓶的体积应是菌液的 4～5 倍,如在 1L 瓶中培养 200mL 菌液较宜;对于少量液体培养(如 2～3mL),用玻璃试管(16mm×125mm)即可。在培养基中一般要加抗生素(表 2-2),主要用于杀死杂菌,纯化农杆菌;选用哪种抗生素取决于菌株的抗性。

表 2-2　用于农杆菌培养和选择的抗生素

抗生素		母液浓度		固体培养基	液体培养基
中文名	英文名	mg/L	溶剂	(μg/mL)	(μg/mL)
羧苄青霉素	Carbenicillin	100	溶于水	100	30～50
氯霉素	Chloramphenicol*	3	溶于乙醇	3	3
红霉素	Erythromycin	100	溶于乙醇	150	100
庆大霉素	Gentamicin	100	溶于水	100	100
卡那霉素	Kanamycin	50	溶于水	10	10～20

续表

| 抗生素 | | 母液浓度 | | 固体培养基 | 液体培养基 |
中文名	英文名	mg/L	溶剂	(μg/mL)	(μg/mL)
利福平	Rifampicin	10	溶于甲醇	10	10
壮观霉素	Spectinomycin	100	溶于水	100	25～50
四环素	Tetracycline*	3	溶于50%乙醇	3	1.5

注:抗生素浓度可根据菌种及其所含抗性基因拷贝数的不同而调节。

*:有的农杆菌对此抗生素具有自然抗性(natural resistance)。

许多用来存储细菌的方法基本上均可被用来保存农杆菌。在选择保存方法时,需要考虑的重要因素,通常包括细胞存活持续时间、贮存期间细胞的遗传稳定性、保存的数量和成本,以及保存与复苏的频率。在本实验中,我们介绍保存土壤农杆菌的三种方法,即穿刺培养保存法、干燥蛭石保存法和低温冷冻保存法,其中前两种适合于短期(3个月至1年)保存,第三种用于长期保存。

穿刺培养保存法是一种简单而廉价的方法,只需间隔一定时期将农杆菌转移(穿刺)到新鲜固体培养基中便可持续保存该菌株。如果不需要保存很多菌株,该法应是最好的选择。但值得注意的是,连续继代培养可能会发生基因突变、质粒丢失和被其他微生物污染的风险。

干燥蛭石保存法也是一种简单而廉价的方法,只需将农杆菌保存在4℃的干燥蛭石粉中即可,存活率可达80%,较适合于商业用途。

冷冻保存法适合需要保存较多菌株的实验室,最好是在-70℃或-80℃条件下的长期冷冻保存,可避免基因变化的可能性,以及不需要反复维护初始保存的菌株。但是,缺点是超低温冰箱保存的成本较高,特别是当发生电力中断或机械故障时,若没能及时发现,会使菌种失活。

三、实验材料与用具

1. 材料:农杆菌菌株、试剂(见下面的"3. 培养基")、蛭石粉(尽可能细)。

2. 用具:超净工作台、蒸汽灭菌锅、冰箱、超低温冰箱(-70℃或-80℃)、培养箱、烘箱、离心管(带有螺纹的离心管)、接种环、酒精灯、培养皿、烧杯、培养瓶、玻璃试管(16mm×125mm)、封口膜、镊子、火柴、脱脂棉、箔纸等。

3. 培养基:

(1)酵母-甘露醇培养基(yeast-mannitol medium):10g/L 甘露醇(mannitol),1g/L 酵母提取物(yeast extract),0.5g/L K_2HPO_4,0.2g/L $CaCl_2$,0.2g/L NaCl,0.2g/L $MgSO_4 \cdot 7H_2O$,10mg/L $FeCl_3$。

a. 将所有试剂溶于900mL 蒸馏水中。

b. 调 pH 至 7.0;定容至1L,蒸汽灭菌。

c. 对于 *A. rubi* 菌株,分别添加维生素 H(biotin)、烟酸(nicotinic acid)和泛酸钙(calcium pantothenate)至终浓度200μg/L,将有利于其生长。对于 *A. rhizogenes* 和 *A. vitis* 菌株,添加维生素 H 至终浓度200μg/L。

(2)肉汤-酵母培养基(nutrient-yeast medium):8g/L 营养肉汤粉(nutrient broth powder),2g/L 酵母提取物。

a. 将各成分溶于 1L 蒸馏水中,蒸汽灭菌。

b. 当配制营养肉汤液体或固体培养基(nutrient broth or agar)时,不加酵母提取物即可。

(3)YDPC 培养基(YDPC medium):4g/L 蛋白胨(peptone),4g/L 酵母提取物,5g/L $(NH_4)_2SO_4$,10g/L $CaCO_3$,20% 葡萄糖(glucose)。

a. 先将前 4 种成分溶于 900mL 蒸馏水中。

b. 调 pH 至 7.0;定容至 1L,蒸汽灭菌。

c. 单独灭菌葡萄糖,然后加 100mL/L 葡萄糖至冷却的培养基中。

(4)MG/L 培养基(MG/L medium):5g/L 胰蛋白胨(tryptone),2.5g/L 酵母提取物,5g/L NaCl,5g/L 甘露醇(mannitol),0.1g/L $MgSO_4 \cdot 7H_2O$,0.25g/L K_2HPO_4,1.2g/L L-谷氨酸(glutamate),硫胺素(thiamine)(10% 溶液,过滤灭菌)。

a. 除硫胺素外,将所有成分溶于 900mL 蒸馏水中。

b. 调 pH 至 7.0;定容至 1 L,蒸汽灭菌。

c. 当培养基冷却至 50~60℃时,加入 $120\mu L/L$ 硫胺素溶液。

(5)LB 培养基:10g/L 胰蛋白胨,10g/L NaCl,5g/L 酵母提取物。

a. 将所有试剂溶于 900mL 蒸馏水中。

b. 调 pH 至 7.0;定容至 1L,蒸汽灭菌。

(6)YEB 培养基(YEB medium):5g/L 胰蛋白胨,1g/L 酵母提取物,5g/L 营养汤粉(nutrient broth),5g/L 蔗糖(sucrose),0.49g/L $MgSO_4 \cdot 7H_2O$。

a. 将所有试剂溶于 900mL 蒸馏水中。

b. 调 pH 至 7.2;定容至 1L,蒸汽灭菌。

四、实验步骤

(一)穿刺培养保存法

1. 准备 100mL 含琼脂的培养基[可选用酵母-甘露醇培养基(yeast-mannitol medium),有利于降低菌株在保存期间的代谢],蒸汽灭菌。

2. 当培养基冷却至 50~60℃(即不烫手)时,根据待保存菌株的抗性加抗生素(表 2-2);然后分装,取 1~2mL 培养基加到每一离心管(螺纹管)内,宽松地拧上管盖。当琼脂凝固后,拧紧管盖,备用。如果不马上用,可用箔纸包好螺纹管,置冰箱 4℃保存。

3. 用接种环从含有农杆菌的培养皿中挑取一个菌落,带有农杆菌的接种环来回穿刺螺纹管内的培养基 1~2 次,然后立即盖上管盖,拧紧,用封口膜封好。

4. 接种后的离心管在 25℃的培养箱内培养农杆菌 2d。

5. 置室温保存,有效期约 2~3 个月;置冰箱(4℃)保存,有效期约 4~6 个月。

6. 在保存有效期结束前,将保存的菌株转接到新鲜的培养基中,以继续保存。保存期间,农杆菌是否发生遗传变异,可用相应抗生素检测,或用 PCR 方法进行检测。

7. 当需要使用(菌株复苏)时,用接种环从保存管内挑取少量培养基(含农杆菌细胞)划平板(含适当抗生素,取决于菌株的抗性),25℃培养出菌落,从平板上挑出菌落,在液体培养基(如 YEB 和 LB 培养基,根据需要选择)中扩大培养,以用于植物基因转化,或用于提取农杆菌染色体 DNA、质粒和蛋白质等。

（二）干燥蛭石保存法

1. 用蒸馏水清洗蛭石粉（细粉），沥干，在烘箱中 80～150℃干燥至恒重。

2. 取 0.2g 蛭石粉加到每一螺纹管（2mL）内，宽松地拧上管盖，蒸汽灭菌 30min。

3. 在 80～150℃烘箱中重新干燥蛭石至恒重，拧紧管盖，防返潮。

4. 准备菌液，接农杆菌株于含有适当抗生素的营养肉汤（nutrient broth）培养基中，培养过夜。

5. 用培养过夜的菌液，接种在含相应抗生素（取决于菌株的抗性）的 150mLYDPC 培养基的各个培养瓶中，培养菌株至生长平台期的早、中期（early or middle stationary phase），也可用分光光度计估计，菌液的 OD_{600} 值在 1.8～2.0 之间为宜。

6. 离心沉淀细胞，弃上清；用 150mL YDPC 培养基悬浮细胞。取 $200\mu L$ 该菌液，接种在含蛭石的各个螺纹管中，拧紧管帽，短暂振荡混合。不再需要培养。

7. 在室温条件下，保存期为 4～6 个月；在 4℃条件下，保存期可达 1 年，或更长。

8. 当需要使用时，在超净工作台上，从保存菌株的螺纹管中取出一小撮（约 0.02g）的蛭石粉于 1.5mL 离心管内，加 $100\mu L$ 无菌的 0.8% NaCl 溶液，旋涡振荡，将农杆菌从蛭石上洗下。离心，取 $25\mu L$ 盐液（含农杆菌的 NaCl），加在含适当抗生素的 MG/L 培养基上划平板。25℃培养出菌落，从平板上挑出菌落，在液体培养基中扩大培养，以用于相关实验。

（三）低温冷冻保存法

1. 接农杆菌到含 2～3mL MG/L 或 YEB 培养基（含相应抗生素，取决于农杆菌的抗性）的玻璃管（16mm×125mm）中。

2. 培养过夜，使农杆菌生长到生长平台期的早、中期，在冰块中冷却菌液，同时也冷却含 50% 甘油的无菌培养基（备用）。

3. 在菌液中加入等体积的含 50% 甘油的无菌培养基，使菌液的甘油浓度为 25%，充分混匀。

4. 在每个螺纹管中加入 1～2mL 含 25% 甘油的菌液，拧紧管盖，并用封口膜密封，置超低温冰箱（−70℃或−80℃）内长期保存。

5. 在使用（复苏农杆菌）时，用接种环从保存的螺纹管中刮取一点培养基，然后在含有适当抗生素的培养基上划平板。25℃培养出菌落，从平板上挑出菌落，在液体培养基中扩大培养。注意：保存的菌株要防止反复冻融；复苏时如果操作适当，同一管菌株可用多次。

五、注意事项

1. 培养基配制和灭菌的原则，参见实验一；无菌操作的原则，参见实验二。

2. 延长农杆菌保存期，主要依赖于保持农杆菌处在低代谢率的状态，尤其在室温下保存时，需要经常注意菌种的生活力和遗传变异。冰箱内保存的冰冻状态的菌种，要避免多次冻融；换言之，取菌种时尽可能迅速，以免失活。

六、实验报告及思考题

1. 在培养农杆菌时应注意些什么？

2. 在低温冷冻保存农杆菌时，在菌液中添加甘油的目的是什么？

3. 如何避免或降低保存期间菌种的遗传变异？

实验十九　　用于植物转基因的农杆菌制备

一、实验目的

掌握用电激法、冻融法和三亲杂交法将重组载体转入农杆菌中,获得植物转基因所需农杆菌的制备方法。

二、实验原理

外源目的基因插入双元载体(植物基因表达载体)后,常有三种方法可将重组载体转入农杆菌中,即电激法(electroporation)、冻融法(freeze-thaw method)和三亲杂交法(triparental mating),以获得可直接用于基因转化的农杆菌。

1.电激法:是利用电激仪(electropulse generator)产生的电脉冲穿孔农杆菌的细胞膜,使DNA分子通过该孔进入细胞,以达到转化目的的方法。该法的成功与否取决于使用电击后的细胞膜修复程度和细胞生存能力,因此设置适宜的电场强度和脉冲持续时间是重要的。由于DNA与农杆菌的混合液的离子强度会影响电场强度和脉冲持续时间,要求尽可能除去样品中的电解质,即农杆菌和载体DNA均要进行除盐处理。

2.冻融法:当载体DNA被纯化后,另一个快速和简单的可替代电激法的方法是冻融法。该法的确切机制还不很清楚,据推测,农杆菌吸纳外源DNA的程度依赖于二阶阳离子(一般用$CaCl_2$处理)处理细胞壁的程度,以及快速温度变化(一般用液氮或干冰处理)改变细胞膜的流动性。虽然冻融法的转化率比电激法低,但它有一个突出的优点是不需要专用设备,特别适合于只需将大肠杆菌中构建的穿梭质粒(双元载体)转入农杆菌中的情形。

3.三亲杂交法:三亲杂交是转移非结合性的(nonconjugative)但具有迁移作用的(mobilizable)质粒到农杆菌的有效方法(图2-9)。这个方法需要三种菌株,一是含结合型质粒(conjugative plasmid)的辅助大肠杆菌(help E. coli),二是含非结合型质粒(non-conjugative plasmid)的供体大肠杆菌(donor E. coli),三是受体农杆菌(recipient A. tumefaciens)。在杂交时,将三种菌株混合培养,通过细菌间的接合转移来实现非结合型质粒(克隆基因的工程质粒)从供体大肠杆菌向受体农杆菌的转移,故称为三亲杂交。其中,辅助大肠杆菌的接合型质粒,又称辅助质粒,它能在细菌间进行自我转移(self-transmissable),并可在供体大肠菌内与工程质粒共存,又能帮助工程质

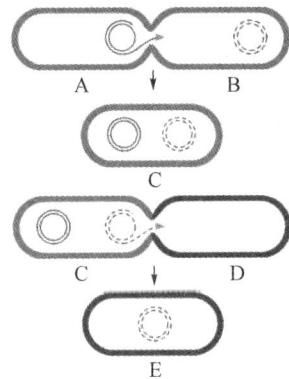

图2-9　三亲杂交示意图

辅助大肠杆菌(help E. coli)A将辅助质粒(实线环)转移到含工程质粒(虚线环)的供体大肠杆菌(donor E. coli)B中,获得含两种质粒的供体大肠杆菌C;该供体大肠杆菌C在辅助质粒的帮助下将工程质粒(虚线环)转移到受体农杆菌(recipient A. tumefaciens)D中,实现农杆菌吸纳工程质粒的过程

粒转移到农杆菌细胞内。供体大肠杆菌的工程质粒,一般是双元载体(参见表 2-1),不但含有大肠杆菌的复制子(replicon),而且带有农杆菌的复制子,所以它既能在大肠杆菌内又能在农杆菌内复制,故被称为穿梭质粒,大大方便了基因克隆和工程农杆菌的制备。

三、实验材料与用具

(一)仪器

超净工作台、灭菌锅、电激仪(Bio-Rad,Gene Pulser Ⅱ)、制冰机、水浴锅等。

(二)用具

无菌的培养皿、涂布器、培养瓶、玻璃管(16mm×125mm)、移液器和吸头、纤维素膜片(孔径 0.45μm)、0.2cm 间隙的电激杯(Bio-Rad,cat. no. 1652086)等。

(三)材料

1. 试剂:无菌 20mmol/L $CaCl_2$、0.8% NaCl、10%甘油、去离子蒸馏水、液氮等。

2. 细菌菌株

(1)农杆菌受体菌(*Agrobacterium* recipient strain):EHA101,EHA105,LBA4404,或其他。

(2)大肠杆菌辅助菌(*E. coli* helper strain):含 pRK2013(辅助质粒)的 HB101,或 DH5α,或 XL1-blue。

(3)大肠杆菌供体菌(*E. coli* donor strain):含工程质粒(双元载体)的 HB101,或 DH5α,或 XL1-blue。

3. 细菌培养基

(1)MG/L 培养基:5g/L 胰蛋白胨,2.5g/L 酵母提取物,5g/L NaCl,5g/L 甘露醇,0.1g/L $MgSO_4 \cdot 7H_2O$,0.25g/L K_2HPO_4,1.2g/L L 谷氨酸,硫胺素(10%溶液,过滤灭菌)。

a. 除硫胺素外,将所有成分溶于 900mL 蒸馏水中。

b. 调 pH 至 7.0;如果用于铺平板,加 15g/L 琼脂,定容至 1L,蒸汽灭菌。

c. 当培养基冷却至 50～60℃时,加入 120μL/L 硫胺素溶液,以及用于质粒维护和选择的抗生素溶液。

(2)YEB 培养基:5g/L 胰蛋白胨,1g/L 酵母提取物,5g/L 营养汤粉,5g/L 蔗糖,0.49g/L $MgSO_4 \cdot 7H_2O$。

a. 将所有试剂溶于 900mL 蒸馏水中。

b. 调 pH 至 7.2;如果用于铺平板,加 15g/L 琼脂,定容至 1L,蒸汽灭菌。

c. 当培养基冷却至 50～60℃时,加入用于质粒维护和选择的抗生素溶液。

(3)LB 培养基:10g/L 胰蛋白胨,10g/L NaCl,5g/L 酵母提取物。

a. 将所有试剂溶于 900mL 蒸馏水中。

b. 调 pH 至 7.0;如果用于铺平板,加 15g/L 琼脂,定容至 1L,蒸汽灭菌。

c. 当培养基冷却至 50～60℃时,加入用于质粒维护和选择的抗生素溶液。

(4)基本培养基(共 500mL),用于选择农杆菌转化子(trans-conjugants)的平板制备:分别配制和蒸汽灭菌以下三种溶液:①20×盐溶液(20g/L NH_4Cl,6g/L $MgSO_4 \cdot 7H_2O$,3g/L KCl,0.2g/L $CaCl_2$,15mg/L $FeSO_4 \cdot 7H_2O$);②500mmol/L 磷酸盐溶液(60g/L K_2HPO_4,20g/L NaH_2PO_4,pH7.5);③25%葡萄糖溶液。

a. 在 460mL 去离子蒸馏水中,加 2.6g Bis-Tris,用盐酸调 pH 至 7.0。

b. 加 7.5g 琼脂,蒸汽灭菌,冷却至 60℃。

d. 加 25mL 20×盐溶液、10mL 500mmol/L 磷酸盐溶液、5mL 25%葡萄糖溶液,混匀。

e. 如需要菌株选择,加抗生素。

四、实验步骤

(一)用电激法转化农杆菌

1.电激-感受态农杆菌的制备

(1)将待转化的农杆菌(单克隆细胞)接种于两支玻璃管(16mm×125mm)内的各含 2mL MG/L 或 YEB 液体培养基中,培养基含有质粒维护和农杆菌选择所需的抗生素。置玻璃管于摇床中,在 25～28℃摇荡培养过夜。

(2)将培养过夜的菌液接种到两个 1L 长颈瓶内的各 200mL 含抗生素的 MG/L 或 YEB 培养基中,置摇床中,在 25～28℃ 和 220～250r/min 摇速下培养,直至菌液 OD_{600} 值达 0.5～1.5 之间。

(3)置菌液于冰上,将菌液转到 4 支 250mL 离心管内,4℃和 10000g 离心 10min,弃上清液。

(4)用 20mL 冷冻去离子水洗管中的细胞,悬浮细胞,4℃和 10000g 离心 10min,弃上清液。如此重复洗 2 次。

(5)用 10%冷甘油再洗细胞 2 次,加 400～800μL 10%冷甘油,悬浮细胞(电激-感受态农杆菌细胞)。

(6)将感受态细胞分装于贮存管内,每管 40μL,在-80℃超低温冰箱中保存,为电激转化备用。

2.电激-转化农杆菌

(1)设电激仪的电压为 2.5kV,电容为 25μF,电阻为 400Ω。或者根据仪器装有的农杆菌转化程序来设置。

(2)准备 2 管 MG/L 或 YEB 液体培养基(不含抗生素):一管是装在一支玻璃管(16mm×125mm)内的 2mL 的培养基,用于电激后农杆菌的恢复培养;另一管是装在一个小离心管内的约 300μL 的培养基。

(3)置电激-感受态农杆菌细胞、DNA 样品(双元载体)和 0.2cm 间隙的电激杯于冰上,冷却。

(4)加 1～5μL DNA(载体)到农杆菌细胞中,转细胞/DNA 的混合物到预冷的电激杯中,用吸水纸吸除电激杯外壁面上的水,将电激杯装入电激仪中。

(5)在 3～5s 内,按两次脉冲按钮,给细胞两次电脉冲。按"时间常数"按钮来显示脉冲持续时间。如果你的电激仪装有农杆菌转化程序,只需遵循制造商的指令。

(6)立即加 300μL 培养基到电激杯中。用移液器把电激杯中的菌液转移到含 2mL 培养基的玻璃管(16mm×125mm)中,25～28℃摇荡培养 2～4h。

(7)在含抗生素的培养基上,滴菌液约 150μL,用无菌涂布器涂布平板,以选择农杆菌转化子。

（二）用冻融法转化农杆菌

1. 冻融-感受态农杆菌的制备

（1）取 2mL MG/L 或 YEB 液体培养基，加到一支玻璃管内，将待转化的农杆菌接种在该培养基中，培养基应含有抗生素，以维护农杆菌中的质粒。置摇床中，在 25～28℃摇荡培养过夜。

（2）取 50mL MG/L 或 YEB 液体培养基，加到 250mL 培养瓶中，向瓶中接入 2mL 培养物。培养菌液直至 OD_{600} 值达 0.5～1.0，置冰上冷却。

（3）4℃和 10000g 离心 8～10min 沉淀细胞，弃上清液。用 5mL 冷的 20mmol/L $CaCl_2$ 悬浮细胞，重复离心，弃上清液。

（4）用 1mL 冷的 20mmol/L $CaCl_2$ 再次悬浮细胞。分装在预冷的 1.5mL 离心管中，每管装 100～150μL。此时，可直接用于以下转化实验，也可置－80℃保存。

2. 冻融-转化农杆菌

（1）准备 1 支小离心管，内含 0.1～1.0μg/μL 纯化的质粒 DNA。准备 1 支培养管（16mm×125mm），内含 2mL MG/L 或 YEB 液体培养基（不含抗生素）。

（2）从冰箱中取出装有冻融-感受态细胞的离心管，置在冰上进行复苏细胞。在细胞液融化前，加 1μg DNA 到管中，使 DNA 与细胞混合。

（3）将含 DNA/细胞混合物的离心管放在液氮中冷冻 5min。注意：在冷冻时用长镊子夹住离心管。

（4）在室温下，融化 DNA/细胞混合物 5～10min。将该混合物移到装有 2mL 培养基的培养管内。置培养管于摇床中，在 25～28℃摇荡培养 2～4h。

（5）10000g 离心 2min 沉淀细胞，弃上清。在 0.1～1.0mL 液体培养基（含抗生素）中悬浮细胞。取 100～300μL 细胞在含有抗生素的平板上涂平板，以选择转化子。

（三）三亲杂交

1. 取 1 支培养管，加入 2mL MG/L 或 YEB 培养基，再接入农杆菌受体菌。置培养管于摇床中，25～28℃摇荡培养过夜。

2. 取 2 支培养管，每管装 2mL 含抗生素的 LB 培养基，分别接入大肠杆菌辅助菌和大肠杆菌供体菌。置培养管于摇床中，在 37℃摇荡培养过夜。

3. 按 1∶100 比例用 LB（含抗生素）稀释 2 管中的大肠杆菌；按 1∶10 比例用 MG/L 或 YEB 稀释管中的农杆菌。继续培养 4h，或者培养至菌液的 OD_{600} 值为 0.4～0.6。

4. 分别取 250μL 的培养物加到 1.5mL 离心管内，10000g 离心 2min。弃上清液，分别用 0.5mL 0.8% NaCl 溶液悬浮每管中的沉淀细胞。为了清洗细胞，再次离心沉淀，弃上清。清洗后的细胞悬浮于 100μL 0.8% NaCl 溶液中。

5. 在 1.5mL 离心管内依次加大肠杆菌供体菌、大肠杆菌辅助菌、农杆菌受体菌各 100μL，混匀。

6. 在 LB 平板上放一片无菌 1.45μm 硝化纤维滤纸（不含抗生素），取 100μL 混合菌液接种在滤纸上，25～28℃培养平板 2d。

7. 培养后，用无菌镊子从平板上取出滤纸，放入 1.5mL 离心管内，加 0.5～1.0mL 0.8% NaCl 溶液，旋涡，从滤纸上洗下细胞。

8. 取 100～200μL 细胞，涂布在含抗生素的培养基上，该培养基能使农杆菌（转化子）正常生长，但阻止了大肠杆菌供体菌和辅助菌的生长。

9.25～28℃培养平板2～4d，可见平板上形成菌落。

五、注意事项

1.农杆菌生长要比大肠杆菌慢得多，一般接种后需要8h甚至更长时间才能使菌液的OD_{600}值达到1.0左右。

2.用电激法转化农杆菌时，电激持续时间通常是2～5ms，但不同电激仪和样品（细胞/DNA的混合物）会有较大差异。特别地，当样品（细胞和DNA）中含有较多盐时，电脉冲通过电激杯（装有样品）过快，即电激持续时间过短，产生电弧，会引起细胞的死亡，降低转化率。因此，农杆菌和载体DNA要进行去盐处理。

3.转化后的农杆菌是否含有重组质粒（如重组双元载体），除了用抗生素（与载体上的抗性基因对应）进行筛选外，还可提取质粒后用电泳分析和PCR分析的方法进行鉴定。

六、实验报告及思考题

1.在制备电激-感受态农杆菌细胞时，为什么农杆菌细胞要用冷冻灭菌去离子水清洗，而不用其他盐液清洗？

2.影响冻融法转化农杆菌效果的主要因子是什么？

3.三亲杂交时，大肠杆菌供体菌和大肠杆菌辅助菌各起何作用？工程质粒（含外源基因的重组载体）是依赖什么进入农杆菌细胞内的？

实验二十 农杆菌质粒 DNA 的提取

一、实验目的

掌握从农杆菌细胞中提取质粒的方法。

二、实验原理

农杆菌介导的植物转基因技术是研究植物基因结构与功能，以及遗传改良的最重要的技术之一，而农杆菌的质粒是植物转基因所需的最重要的载体，因此提取农杆菌质粒，包括共整合质粒和双元质粒，是个不可缺少的步骤。在实验室提取农杆菌质粒，通常包括碱裂解、盐中和、乙醇沉淀三个环节，这与大肠杆菌的质粒提取基本相似。但是，与大肠杆菌的质粒提取比较，农杆菌的质粒提取要复杂些，有其特点，主要表现为：①农杆菌细胞裂解所需的时间比大肠杆菌更长；②需要用酚抽提才能获得纯的质粒 DNA；③农杆菌质粒在细胞中的拷贝数要比大肠杆菌少得多，使我们从农杆菌中提取的质粒 DNA 的量要比从大肠杆菌中提取的量要少得多。

在植物转基因实验中，目前最常用的基因载体是双元载体(binary vector)，即双元质粒，它既可在农杆菌中复制，又可在大肠杆菌中复制，故也被称为穿梭质粒或载体(shuttle vector)，而且它具有在大肠杆菌中拷贝数高和在农杆菌中稳定性好的特点，能很好地满足基因克隆和基因转化的要求。所以，本实验将重点介绍双元质粒 DNA 的提取，同时也介绍共整合质粒的提取。

三、实验材料与用具

(一)仪器

超净工作台、灭菌锅、制冰机、水浴锅、冰箱等。

(二)用具

无菌的培养皿、离心管、离心瓶、培养瓶、玻璃管、移液器和吸头等。

(三)细菌培养基

1. LB 培养基：10g/L 胰蛋白胨，10g/L NaCl，5g/L 酵母提取物。

a. 将所有试剂溶于 900mL 蒸馏水中。

b. 调 pH 至 7.0；如果用于铺平板，加 15g/L 琼脂，定容至 1L，蒸汽灭菌。

2. MG/L 培养基：5g/L 胰蛋白胨，2.5g/L 酵母提取物，5g/L NaCl，5g/L 甘露醇，0.1g/L MgSO$_4$·7H$_2$O，0.25g/L K$_2$HPO$_4$，1.2g/L L-谷氨酸，硫胺素(10%溶液，过滤灭菌)。

a. 除硫胺素外，将所有成分溶于 900mL 蒸馏水中。

b. 调 pH 至 7.0；如果用于铺平板，加 15g/L 琼脂，定容至 1L，蒸汽灭菌。

c. 当培养基冷却至 50～60℃时，加入 120μL/L 硫胺素溶液。

3. YEB 培养基：5g/L 胰蛋白胨，1g/L 酵母提取物，5g/L 营养汤粉，5g/L 蔗糖，0.49g/L

MgSO$_4$ • 7H$_2$O。

　　a. 将所有试剂溶于 900mL 蒸馏水中。

　　b. 调 pH 至 7.2,定容至 1L,蒸汽灭菌。

　　（四）共整合质粒（pTi, pRi）DNA 提取所需的溶液

　　1. 细胞洗液（cell wash solution）：50mmol/L Tris-HCl（pH 8.0），20mmol/L EDTA，0.5mol/L NaCl,0.05% 酰肌氨酸（sarkosyl）。

　　2. 细胞悬浮液（cell resuspension solution）：25mmol/L Tris-HCl（pH 8.0），10mmol/L EDTA,50mmol/L 葡萄糖,2mg/mL 溶菌酶（lysozyme）。

　　3. 裂解液（lysis solution）：0.2mol/L NaOH,1% SDS。现配。

　　4. 2mol/L Tris-HCl（pH 7.0）。

　　5. 5mol/L NaCl。

　　6. 苯酚：用 1.0mol/L Tris-HCl（pH 8.0）调 pH 至 7.6～7.8。

　　7. 氯仿-异戊醇（24：1,V：V）。

　　8. 乙醇：100% 和 70% 的乙醇。

　　（五）双元质粒 DNA 提取所需的溶液

　　1. GETL 溶液：50mmol/L 葡萄糖,10mmol/L EDTA,25mmol/L Tris-HCl（pH 8.0），0.4mg/mL 溶菌酶。

　　2. 裂解液：0.2mol/L NaOH,1% SDS,现配。

　　3. 3mol/L 乙酸钾（potassium acetate），pH 4.8。

　　4. 氯仿-异戊醇（24：1,V：V）。

　　5. 苯酚-氯仿-异戊醇（25：24：1,V：V：V）。

　　6. 异丙醇。

　　7. 80% 乙醇。

　　8. TE 或无菌去离子水。

　　9. RNase A：用蒸馏水配成 10mg/mL RNase A 溶液后在 100℃ 水中水浴 10min 除去 DNase,冷却后－20℃ 贮藏。

四、实验步骤

　　（一）共整合质粒（pTi 或 pRi）的提取

　　1. 将农杆菌接种在 200mL LB 培养基中,在 25～28℃ 生长至对数生长期的后期（late exponential phase）；置冰上冷却,4℃ 和 10000g 离心 15min,沉淀细胞。

　　2. 沉淀细胞用 15mL 冷细胞洗液悬浮,离心后弃上清液,如此重复洗一次,弃上清液。

　　3. 向沉淀细胞中加 15mL 冷细胞悬浮液,用移液器上的吸头反复搅动彻底悬浮细胞,置冰上 5min。

　　4. 加 30mL 新鲜的裂解液,颠倒混匀数次,置室温 10min。

　　5. 加 7.5mL 2mol/L Tris-HCl（pH 7.0），颠倒混匀。

　　6. 加 7.5mL 5mol/L NaCl 溶液,颠倒混匀,置室温 20min。

　　7. 加等体积的苯酚和 1.8mL 5mol/L NaCl,反复颠倒混匀 3～5min。4℃ 和 10000g 离心 10min。将水相移至新的离心管,重复用苯酚-氯仿-异戊醇（25：24：1）抽提,直至水相与有机相间干净。最后用氯仿-异戊醇(24:1)抽提一次。

8. 加 2 倍体积的冰冷乙醇沉淀 DNA,置冰箱−20℃过夜。

9. 4℃和 10000g 离心 20min,沉淀 DNA,小心弃上清液。用 70%乙醇洗 DNA,重复离心和清洗。空气干燥 DNA,除去乙醇。用 25μL TE 溶解 DNA。该方法提取的大质粒 DNA(共整合质粒)可用于 PCR、酶切和转化农杆菌。

（二）双元载体的少量提取

1. 将农杆菌接种在 4.0mL MG/L 或 YEB 培养基中,培养基中含有需维护质粒的抗生素。置摇床,在 25~28℃温度下培养过夜,直至生长平台期的早期(early stationary phase)。

2. 取 1.5mL 培养液至 1.5mL 离心管,10000g 离心 2min,沉淀细胞;弃上清液,再加 1.5mL 培养液离心,合并细胞于离心管中。

3. 用 150μL GETL 溶液悬浮细胞,置室温 5min。

4. 加 300μL 裂解液,轻轻颠倒混匀数次,置冰上 5min。

5. 加 250μL 3mol/L 乙酸钾,颠倒混匀数次,置冰上 10min,期间再颠倒混匀数次。

6. 10000g 离心 10min 沉淀,取上清液至新离心管。

7. 加 2μL RNAse A (10mg/mL),置室温 20min。

8. 加等体积(700μL)苯酚-氯仿-异戊醇(25:24:1),充分混匀 5min。

9. 12000g 离心 5min,将上层水相移至新管中。

10. 用氯仿-异戊醇(24:1)抽提一次,除去酚残余,12000g 离心 5min,将上层水相移至新管中。

11. 加等体积的异丙醇,置冰箱−20℃至少 30min,12000g 离心 20min 沉淀 DNA,弃上清液。

12. 用 1mL 70%乙醇洗沉淀的 DNA 两次,清洗时用手转动离心管约 5min。

13. 除净管中的水,置台上干燥 20~30min,用 20μL TE 或无菌去离子蒸馏水溶 DNA。该质粒 DNA 可在−20℃或−70℃冰箱中长期保存。

五、注意事项

1. 细胞匀浆与酚-氯仿充分混匀对于除去蛋白质和脂质是必需的,需要颠倒混匀约 3~5min。注意,酚和氯仿是有毒的,应在化学通风柜中操作,同时避免与皮肤接触。

2. 在用苯酚-氯仿-异戊醇或氯仿-异戊醇抽提时,离心后上层是含有 DNA 的水相,下层是含苯酚-氯仿-异戊醇的有机相,中间是一层蛋白质和脂质。我们需要的是上层水相,取水相时尽量不接触中层物质,以免污染 DNA。

六、实验报告及思考题

1. 每 2 人一组,提取农杆菌质粒 DNA,并检测其纯度和浓度。

2. 农杆菌质粒,与大肠杆菌质粒比较,有何特点,在提取质粒时应注意些什么?

3. 农杆菌双元载体作为植物转基因的主要载体,一般应具备哪些结构特点?

实验二十一 农杆菌介导的叶盘法转基因

一、实验目的

以烟草为实验材料，通过农杆菌介导法转基因的操作，掌握农杆菌介导法转基因的基本原理和操作技术。

二、实验原理

土壤农杆菌转化植物的常用方法是叶盘法。这种转基因的方法，一般是将植物的叶片切成小圆片或叶盘，用农杆菌感染后共培养2～4d，而后转移到加有选择剂（如抗生素）的组织培养基上，先分化出芽，然后分化出根，再生出完整的植株（图2-10）。该方法适合能利用叶片作为外植体进行植株再生的物种的遗传转化，具有操作较简便、效率较高、重复性较好的优点。

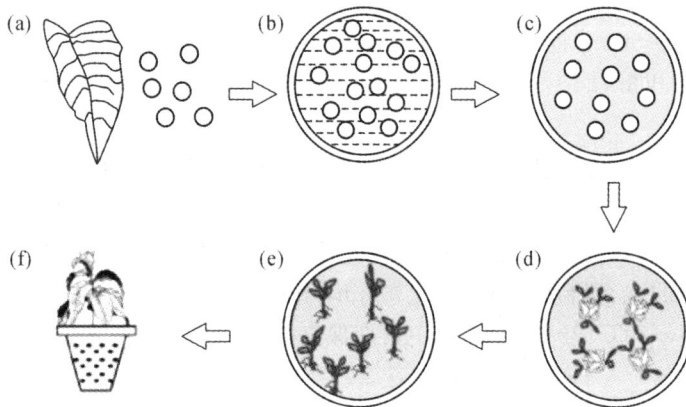

图2-10　农杆菌介导的叶盘法转基因示意图

（a）无菌叶片切成叶盘；（b）农杆菌侵染叶盘；（c）在MS培养基上叶盘与农杆菌共培养24～72h；（d）在含抗性培养基上培养2～3d；（e）在选择培养基上再生植株；（f）移栽到土壤中

农杆菌侵染植物细胞涉及一系列复杂的反应，包括农杆菌对植物细胞的附着，植物细胞释放信号分子，诱导Vir基因的表达和T-DNA（transfer DNA）的转移，以及T-DNA在植物染色体上的插入和表达等过程。其中，植物细胞释放的信号分子，是一些酚类等化合物，如乙酰丁香酮（acetosyringon，AS）和羟基乙酰丁香酮（HO-AS）；这些物质大多是由双子叶植物在受伤（如将叶片切成小圆片）时产生的，但单子叶植物不能产生。而Vir-基因的表达，需要有这些酚类物质的诱导，才能进一步促使T-DNA转移至植物细胞中。因此，用农杆菌介导法转基因时，不论双子叶植物还是单子叶植物，特别是单子叶植物，常需要添加诸如乙酰丁香酮的酚类物质，使农杆菌侵入植物伤口组织后在乙酰丁香酮诱导下促进Vir-基因的表达和T-DNA的转移。

不同的植物由于受基因型、发育状态、组织培养难易程度等因素的影响，农杆菌介导法的转基因受体材料,除了常用的叶圆盘外,还可扩展到器官、组织、细胞和原生质体等。

三、实验材料与用具

（一）材料

1. 农杆菌:含双元载体（如 pCAMBIA 系列的载体）的菌株,携带的载体含有细菌选择基因（如 Kan, Cm）、植物选择基因（如 npt II , bar）和外源目的基因。

2. 植物:烟草。

（二）用具

超净工作台、高压蒸汽灭菌锅、培养箱、打孔器、培养皿、培养瓶、Eppendorf 管、吸管、涂抹器、滤纸、蛭石和土（3∶1）混合物、塑料钵或盘、烧杯等。

（三）培养基

1. 母液

(1)MS 大量元素母液（10×）:19.0g/L KNO_3,16.5g/L NH_4NO_3,3.7g/L $MgSO_4 \cdot 7H_2O$,4.4g/L $CaCl_2 \cdot 2H_2O$,1.7g/L KH_2PO_4。

(2)MS 微量元素母液（100×）:2.2g/L $MnSO_4 \cdot 4H_2O$,83mg/L KI,620mg/L H_3BO_3,860mg/L $ZnSO_4 \cdot 7H_2O$,2.5mg/L $CuSO_4 \cdot 5H_2O$,25mg/L $NaMoO_4 \cdot 2H_2O$,2.5mg/L $CoCl_2 \cdot 6H_2O$。

(3)铁盐母液（200×）:

a. $FeSO_4 \cdot 7H_2O$ 母液:取5.6g $FeSO_4 \cdot 7H_2O$,溶于 1L 蒸馏水中。贮存于棕色瓶中,用铝箔纸包裹,4℃贮存。

b. 0.5mol/L Na_2EDTA 母液（pH 8.0）:取 186.1g Na_2EDTA,溶于 500mL 蒸馏水中,用 NaOH 溶液调 pH 至 8.0,最后定容至 1L。$FeSO_4 \cdot 7H_2O$ 母液和 Na_2EDTA 母液分别贮存（4℃）。

(4)维生素母液（100×）:10g/L 肌醇,100mg/L 烟酸,100mg/L 盐酸吡哆辛（维生素 B_6）,1.0g/L 盐酸硫胺素。

(5)生长调节剂母液:

a. 萘乙酸（NAA）母液:1mg/mL。

b. 苄基氨基嘌呤（BAP）母液:1mg/mL。

c. p-氯-苯氧基乙酸（chloro-phenoxy acetic acid,pCPA）母液:1mg/mL。

(6)抗生素母液:

a. 羧苄青霉素母液:50mg/mL。

b. 头孢霉素母液:100mg/mL。

2. 培养基

(1)YEP 培养基:10g/L 蛋白胨,5g/L 酵母提取物,5g/L NaCl (pH 7.0)。蒸汽灭菌,当冷却至 55℃时加抗生素。

(2)预培养基（1L）:

a. 取 100mL 大量元素母液、10mL 微量元素母液、10mL 铁盐母液（取$FeSO_4 \cdot 7H_2O$母液和 0.5mol/L Na_2EDTA 母液各 5mL 的混合液）,混匀加热至溶液转黄色。加 30g 蔗糖,用1mol/L KOH 溶液调 pH 至 5.7,加水至 975mL,加 8g 琼脂,蒸汽灭菌。

b. 向 10mL 蒸馏水中加 10mL 维生素母液、1mL 苄基氨基嘌呤（BAP）母液、0.1mL 萘乙酸（NAA）母液、8mL p-氯-苯氧基乙酸（pCPA）母液，加水至 25mL，过滤灭菌。

c. 过滤灭菌后的维生素溶液和生长调节剂溶液，与蒸汽灭菌的溶液（冷却至 55℃）混合。

（3）共培养基（1L）：

a. 取 10mL 大量元素母液、1.0mL 微量元素母液、10mL 铁盐母液（取 $FeSO_4 \cdot 7H_2O$ 母液和 0.5mol/L Na_2EDTA 母液各 5mL 的混合液），混匀加热至溶液转黄色。加 30g 蔗糖、3.7g 吗啉乙磺酸（MES），调 pH 至 5.4，加水至 950mL，蒸汽灭菌。

b. 向 10mL 蒸馏水中加 10mL 维生素母液、1mL 苄基氨基嘌呤（BAP）母液、0.1mL 萘乙酸（NAA）母液、8mL p-氯-苯氧基乙酸（pCPA）母液，混匀后再加 38mg 乙酰丁香酮，加水至 50mL，过滤灭菌。

c. 过滤灭菌后的维生素溶液和生长调节剂溶液，与蒸汽灭菌的溶液（冷却至 55℃）混合。

（4）选择培养基（1L）：

a. 取 100mL 大量元素母液、10mL 微量元素母液、10mL 铁盐母液（取 $FeSO_4 \cdot 7H_2O$ 母液和 0.5mol/L Na_2EDTA 母液各 5mL 的混合液），混匀加热至溶液转黄色。加 30g 蔗糖，用 1mol/L KOH 溶液调 pH 至 5.7，加水至 975mL，加 8g 琼脂，蒸汽灭菌。

b. 向 10mL 蒸馏水中加 10mL 维生素母液、1mL 苄基氨基嘌呤（BAP）母液、0.1mL 萘乙酸（NAA）母液，加 2mL 羧苄青霉素母液和 1mL 头孢霉素母液，加水至 25mL，过滤灭菌。如果植物选择标记基因是 npt II，那么加 150mg/L 卡那霉素；如果植物选择标记基因是 hpt，那么加 10mg/L 潮霉素；如果植物选择标记基因是 bar，那么加 3mg/L 草胺膦。

c. 过滤灭菌后的维生素溶液和生长调节剂溶液，与蒸汽灭菌的溶液（冷却至 55℃）混合。

（5）生根培养基（1L）：

a. 取 50mL 大量元素母液、5mL 微量元素母液、10mL 铁盐母液（取 $FeSO_4 \cdot 7H_2O$ 母液和 0.5mol/L Na_2EDTA 母液各 5mL 的混合液），混匀加热至溶液转黄色。加 10g 蔗糖，用 1mol/L KOH 溶液调 pH 至 5.7，加水至 975mL，加 8g 琼脂，蒸汽灭菌。

b. 向 10mL 蒸馏水中加 10mL 维生素母液和 0.1mL 萘乙酸（NAA）母液，加 2mL 羧苄青霉素母液和 1mL 头孢霉素母液，加水至 25mL，过滤灭菌。如果植物选择标记基因是 npt II，那么加 75mg/L 卡那霉素；如果植物选择标记基因是 hpt，那么加 5mg/L 潮霉素；如果植物选择标记基因是 bar，那么加 3mg/L 草胺膦。

c. 过滤灭菌后的维生素溶液和生长调节剂溶液，与蒸汽灭菌的溶液（冷却至 55℃）混合。

四、实验步骤

（一）外植体准备

1. 选择生长正常的烟草植株，取其充分展开的幼嫩叶片。若叶片取自无菌的组培苗，无需灭菌处理；若从大田或温室取材，则取材后用自来水洗净，在 2% 次氯酸钠溶液中浸泡 3～5min。

2. 用无菌蒸馏水冲洗 3 次，用 5mm 孔径的打孔器打成叶盘（小圆片）。

3. 将叶盘接在预培养基上，每个 15mm×100mm 培养皿中接 30～40 个叶盘。在 25℃ 和光强 4000lx 下培养 24h。

（二）农杆菌准备

1. 在 2mL 含抗生素的 YEP 培养基中，接入单菌落的农杆菌。在 28℃温度下，以 200r/min 振荡培养 2～4h，使菌液达到饱和。

2. 在 50mL 含抗生素的 YEP 培养基中，加入上述 2mL 菌液，进行继代培养 6～8h（28℃振荡培养）。

3. 离心（3000～4000g）收获细胞。

4. 用共培养基悬浮细胞至终 OD_{660} 为 0.5～1.0，置冰上备用。

（三）植物转化

1. 在预培养 24h 后的叶盘培养皿中，接入已准备好的农杆菌，30min。

2. 在含共培养基的培养皿（15mm×100mm）上放一张灭菌的滤纸，然后将叶盘（用灭菌吸水纸吸除多余菌液）按同心圆接在培养基上。

3. 在 24℃和光强 4000lx 下，共培养 3d。

4. 经 3d 共培养后的叶盘，进行转化细胞的选择：将叶盘转接在含选择剂（抗生素或除草剂）的选择培养基上，在 28℃和光强 4000lx 下培养，每 2 周继代培养一次。

5. 选择培养约 2 周后，愈伤组织在叶盘边缘长出，一个叶盘可长出多个愈伤组织。4 周后每个愈伤组织又可长出若干不定芽。

6. 当不定芽长至 3mm 高时，用解剖刀将每个芽从愈伤组织上切下，接种到生根培养基上。生根培养基含有用于选择转化体的抗生素或除草剂，而且为适应植株的生长，培养瓶要大些（300～400mL）。

7. 再生根的培养条件与再生芽的培养条件基本相同，培养 2 周，期间应该有根的发生。

（四）再生苗的管理、种子收获和进一步鉴定

1. 仔细从生根培养基中移出再生苗，用水洗去根部的琼脂，栽在含有土壤、蛭石和土（3:1）混合物」的塑料钵中，浇适当的水，罩一个塑料袋以防水分过度蒸发。

2. 置光照培养箱中，28℃培养 2～3d 后，揭开塑料袋，将苗连同塑料钵移至温室，让其适应自然环境，当完全适应后用刀片割开塑料钵（先浇水使根部泥土不松散），移至田间。

3. 适当栽培管理，烟草开花（自交）结种子，收获成熟种子（T_1），干燥种子后贮存在 Eppendorf 管中，在 4℃条件下可保存若干年。

4. 以 T-DNA 的左或右边界序列为探针进行 Southern 杂交，或根据左、右边界间的基因设计引物进行 PCR 检测，或检测左、右边界间的报告基因（如 GUS 和 GFP 基因）等，并结合植株表型，对转基因植株做进一步鉴定，参见实验二十五至实验二十九。

五、注意事项

1. 农杆菌与外植体共培养后，为除去外植体上的农杆菌，本实验中用羧苄青霉素和头孢霉素，但浓度不要太高，否则会抑制烟草的分化。

2. 为筛选转化子，选择培养基和生根培养基均含有选择剂，常用的选择剂是抗生素和抗除草剂。培养基中添加何种选择剂，取决于 T-DNA 中所携带的植物选择标记基因，如果基因是 npt II，那么加卡那霉素；如果植物选择标记基因是 hpt，那么加潮霉素；如果植物选择标记基因是 bar，那么加草胺膦。

3. 从培养基上再生的转基因植株（T_0），可能会有假阳性，需要进一步淘汰。又因在 T-

DNA 位点上是杂合的,需要对其后代进行自交、选择和纯合。

六、实验报告及思考题

1.在植株再生的培养基中,不但添加羧苄青霉素和头孢霉素,而且还需要添加卡那霉素(或潮霉素或草胺膦),其依据是什么? 各起什么作用?

2.影响农杆菌介导的遗传转化的因素有哪些?

3.农杆菌 Ti 质粒的 T-DNA 转移需要哪些基本条件?

实验二十二　农杆菌介导的花序浸染法转基因

一、实验目的

掌握用农杆菌介导的拟南芥花序浸染法转基因的技术。

二、实验原理

农杆菌介导的植物转基因,通常是植物组织细胞(外植体)被农杆菌侵染后,再经组织培养再生成植株来实现的。而在本实验中,我们介绍另一种不需要组织培养的方法,即植物花序浸染法转基因,特别是拟南芥花序浸染法(The *Arabidopsis* "floral dip" method)转基因,是最典型的一种(图 2-11)。它具有 3 个突出的优点:①操作简单,只要将正在开花的拟南芥花序用农杆菌菌液浸泡或喷雾,花器中的雌、雄配子体可能被转化,然后让其开花结种子,所结种子中有一部分是转基因种子。将收获的种子用适当的筛选剂,如抗生素、除草剂等进行筛选,即可获得阳性转化植株。②转化率较高,一般可以得到 0.1%～3.0%。③不需要通过组织培养再生植株,便可获得转基因植株,避免了因组织培养发生体细胞变异而引起的麻烦。但是,花序浸染法转基因,一般只适用于拟南芥和其他一些十字花科植物。

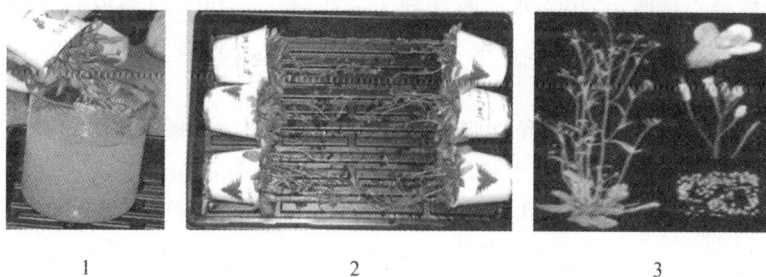

图 2-11　农杆菌浸染拟南芥(1)、暗培养(2)和开花结籽(3)

用该法获得的转基因植株,基本上都是生殖细胞(雌、雄配子体)被转化后的产物,所以转基因当代植株(T_0)在 T-DNA 位点上往往是杂合的。而且,从 T_0 单株上收获的种子,播种后长成的每株 T_1 植株带有一个不同的 T-DNA 插入。因此,我们获得 T_1 代转基因植株后,还需要对其后代的株系进行选择和纯合。

三、实验材料与用具

(一)材料

1. 农杆菌:含双元载体(如 pCAMBIA 系列的载体)的 GV3101(pMP90)或 C58 菌株,载体上含有细菌选择基因 Kan^R(抗卡那霉素基因)、植物选择基因 Hyg^R(抗潮霉素基因)和外源目的基因。

2. 植物:拟南芥种子。

（二）试剂

卡那霉素贮存液（50mg/mL，过滤）、现配的 5% 蔗糖（无需蒸汽灭菌）、表面活性剂（Silwet L-77）等。

（三）用具

超净工作台、高压蒸汽灭菌锅、培养箱、培养皿、烧杯、三角瓶、Eppendorf 管、吸管、涂抹器、蛭石和土（3：1）混合物、塑料钵或盘等。

（四）培养基

1. YEB 培养基（用于农杆菌的培养）：5g/L 胰蛋白胨，1g/L 酵母提取物，5g/L 营养汤粉，5g/L 蔗糖，0.49g/L $MgSO_4 \cdot 7H_2O$。

a. 将所有试剂溶于 900mL 蒸馏水中。

b. 调 pH 至 7.2；如果是固体培养基，加 15g/L 琼脂，定容至 1L，蒸汽灭菌。

c. 当培养基冷却至 50～60℃时，加入 50μg/mL 卡那霉素，或其他适当抗生素。

2. MS 固体培养基（用于拟南芥转化子的选择）：0.5×MS 大量元素和微量元素母液（Sigma 产品号：M5524；用量：2.15g/L。也可按实验一的配方配制），0.8%琼脂。蒸汽灭菌，当培养基冷却至 65℃以下时，加潮霉素至终浓度为 25mg/L。

四、实验步骤

（一）拟南芥的无菌苗培养（所有步骤均在超净工作台中完成）

1. 将筛干净的种子装在 1.5mL 离心管中，加入 1mL 75%乙醇，放在摇床中震荡 10min；待种子沉下来后将乙醇吸出，用无水乙醇洗种子 2 次，每次 1mL，用移液器吸掉无水乙醇；加入 0.3mL 无水乙醇，用剪过的移液器枪头将种子悬浮于无水乙醇中，之后吸出均匀地吹打在已灭菌的干燥滤纸上。

2. 待无水乙醇蒸发完全后将留在吸水纸上的种子均匀地铺撒在 MS 培养基上。

3. 春化：将平板置于 4℃冰箱中暗培养两天（可在平板外面包上报纸）。

4. 培养：将春化 2d 的培养皿去掉报纸，置于人工气候箱中于 23℃条件下正常培养（光暗比为 16：8）。

（二）拟南芥的移栽与管理

1. 移栽：将拟南芥无菌苗移栽到水分充足的装有蛭石、草炭、土的育苗钵中，每钵种 2 株，每个苗钵上蒙上一层尼龙网纱并将其固定在苗钵上，以免倒置浸染农杆菌时营养土洒落进浸染液中，育苗钵放在装有水的长方形塑料盆中，用薄膜覆盖后置于 21～22℃恒温温室中，光照时间每天 16h。

2. 管理：当移栽苗成活并生长正常后，揭开薄膜，让其生长至开花（大约需要 5 周）。剪掉主花序使其顶端优势受到抑制而促使其抽出更多的侧花序。转化的前一天给植物浇足水分，并罩一个塑料袋以保持高湿环境，转化的当天剪掉抽出的花序（长 5～10cm）上已经完全开放的花。

（三）农杆菌的培养

1. 将储存的工程农杆菌液在含抗生素的 YEP（或 LB）固体培养基上划板活化，并进行 PCR 检测。

2. 挑取单菌落于 20mL 含抗生素的 YEP 液体培养基中，28℃培养，220r/min 摇 1～2d。

3. 将上述培养液转到两个 500mL 三角瓶中，每瓶加 250mL 含抗生素的 YEP 培养基（扩大菌液），28℃培养，220r/min 摇菌过夜，使其菌液 OD_{600} 值大约为 1.0。

4. 4℃下 6000r/min 离心 10min，弃上清液，沉淀细胞用等体积的 5% 蔗糖溶液悬浮，最终菌体适宜浓度的 OD_{600} 值大约为 0.8（用 5% 蔗糖溶液调节）。注：每 100～200mL 菌液可浸染 2～3 盆小植株，或每 400～500mL 菌液浸染 2～3 盆较大植株（9cm）。

5. 在浸染植株前，加表面活性剂 Silwet L-77 至终浓度 0.05%（每 1L 农杆菌加 500μL Silwet L-77），混匀。

（四）农杆菌浸染拟南芥花序

1. 待转化的拟南芥花序，如果有较多的已开放过的花，应摘除，使花序带有尽可能多的未开放的花蕾。

2. 将准备好的农杆菌菌液倒在圆形烧杯中，将待转化的花序倒扣在菌液中，轻轻旋转，使花序充分浸没 30s 后取出。

3. 在已浸染的植株上扣一塑料袋密封（保湿度），水平放置台面上，经一晚后打开塑料袋，让其在长日照条件下继续生长、开花和结种子。

4. 第一次浸染后，可以重复浸染（拟南芥盛花期较长，一般浸染 2 至 3 次；如果只浸染 1 次，在后面的观察中如果有新的花序出现要剪掉，可以提高阳性率）。

5. 当拟南芥的长角果失去绿色转变成黄褐色时，说明该长角果内的种子已成熟。当整个花序上极大多数的长角果为黄褐色时，就可收获种子（T_0）。收获种子经干燥后贮藏在冰箱。

（五）转化体的筛选

1. 准备含 MS 固体培养基的培养皿。注：培养基中含有用于筛选转化体的抗生素。

2. 取 100mg 种子放在 1.5mL 离心管中，加入 1mL 75% 乙醇，振荡 10min；待种子沉下后将乙醇吸出，用无水乙醇洗种子 2 次，每次 1mL，用移液器吸掉无水乙醇；加入 0.3mL 无水乙醇，用剪过的移液器枪头将种子悬浮于无水乙醇中，之后吸出均匀地吹打在已灭菌的干燥滤纸上。

3. 待无水乙醇蒸发完全后，将留在滤纸上的种子均匀地铺撒在 MS 固体培养基上。

4. 将播有种子的培养皿置于 4℃冰箱中暗培养 2d（春化作用）。

5. 将培养皿置于人工气候箱中于 23℃条件下正常培养（光暗比为 16：8）。

6. 凡能在抗性培养基上萌发的种子和正常生长的苗，即为初步选出的转化体。

7. 6～10d 后，将苗移栽至营养土中继续生长，用于下一步的鉴定工作。

（六）转化体（T_1）后代的纯化与鉴定

在花序浸染法转基因过程中，T-DNA 插入往往发生在花器中的生殖细胞（雌、雄配子体）中。因此，T_1 植株往往是杂合体，在后代（T_2 和 T_3 代）群体中将会分离出不含 T-DNA 的植株，需要做以下工作：

1. T_1 植株自交，获得 T_2 种子。

2. 将 T_2 种子播在抗性培养基上，进一步淘汰不抗植株（非转基因植株）。

3. 以 T-DNA 的左或右边界序列为探针进行 Southern 杂交，或根据左、右边界间的基因设计引物进行 PCR 检测，或检测左、右边界间的报告基因（如 GUS 和 GFP 基因）等，并结合植株表型，对转基因植株得出最终鉴定结果，具体方法参见实验二十五至实验二十九。

五、注意事项

1. 虽然花序浸染法不会发生诸如组织培养中发生的体细胞变异,但 T-DNA 的插入也许会影响其他基因的表达而发生意想不到的变异,不过这种情形发生的概率很低。

2. 转基因 T_1 代植株的进一步鉴定,一般需要回答的问题包括:是否有假阳性植株? 插入位点是否纯合? 插入是简单插入还是复杂插入? 插入序列(T-DNA)是否发生变异? 插入对其他基因是否发生影响? 因此,获得转基因植株后仍有大量工作要做。

六、实验报告及思考题

1. 为什么在农杆菌浸染花序前要除去已开花的花蕾?

2. 转化后植株的管理要点是什么?

3. 农杆菌介导的花序浸染法转基因,与其他农杆菌介导法转基因比较,有何优缺点?

实验二十三　基因枪法转基因

一、实验目的

掌握用基因枪法进行植物转基因的原理和方法。

二、实验原理

基因枪法(particle gun 或 gene gun)又称微弹轰击法(microprojectile bombardment,或 particle bombardment,或 biolistics),最早是由美国 Conell 大学的 Sanford 等(1987)研制出火药引爆的基因枪。1987 年,Klein 等首次以洋葱表皮细胞为材料,以带有 DNA 的钨粉为子弹,将 DNA 或 RNA 导入表皮细胞,外源基因能够表达,证明此方法可以实现外源基因的遗传转化。目前,以美国伯乐公司(Bio-Rad)的 PDS-1000/He 型基因枪(图 2-12)应用最为广泛。

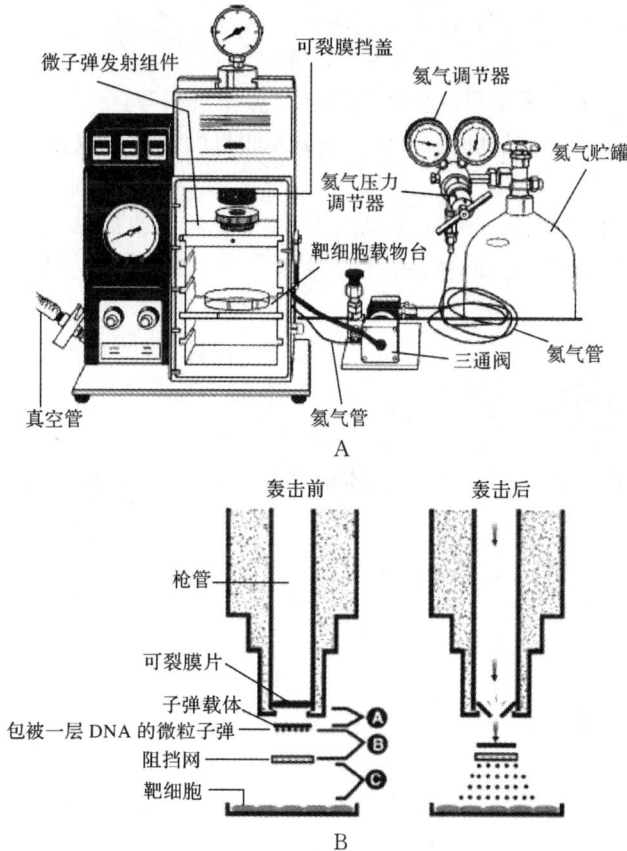

图 2-12　Bio-Rad 公司的 PDS-1000/He 型基因枪装置(A)及其工作原理(B)

PDS-1000/He 型基因枪是利用不同厚度的可裂膜片(Rupture disk)来调节氦气压力。当枪管(Gas acceleration tube)内的压力达到可裂膜片的临界压力时,可裂膜片爆裂并释放出一阵强烈的冲击波,使子弹载体(Macrocarrier)携带微粒子弹(DNA-coated microcarriers)高速运动至阻挡网(Stopping screen),子弹载体被阻遏,而微粒子弹继续向下高速运动,轰击靶细胞(target cells)。

其基本原理是将外源 DNA 包被在微小的金粒或钨粒表面,然后在火药爆炸、高压气体或高压放电等高压的作用下,微粒被射入受体细胞或组织,外源 DNA 随机整合到寄主细胞的基因组上并表达,从而实现外源基因的转化。

基因枪转化植物的优点:①靶受体类型广泛,不受组织类型限制,几乎所有具有潜在分生能力的组织或细胞都可以用基因枪进行转化;②可控度高,采用高压放电或高压气体驱动的基因枪,可根据实验需要,将载有外源 DNA 的金属颗粒射入特定层次的细胞(如再生区的细胞),使转化细胞能再生植株,从而提高转化频率;③操作简便、快速,只要在无菌条件下将载有外源基因的金属颗粒轰击受体材料,就可以进行筛选培养,或直接进行基因表达(瞬时表达)的观察分析。

该方法的缺点:由于基因枪轰击的随机性,外源基因进入宿主基因组的整合位点相对不固定,拷贝数往往较多,这样转基因后代容易出现突变、外源基因容易丢失、容易引起基因沉默等现象,不利于外源基因在宿主植物的稳定表达;而且基因枪价格昂贵、运转费用较高。

对于很多单子叶植物,由于不是土壤农杆菌的宿主,很难采用土壤农杆菌介导法进行遗传转化,因此该方法仍然是很多单子叶植物尤其是禾本科植物进行转化的首选方法。

三、实验材料与用具

(一)材料

1.植物:水稻、小麦、玉米等单子叶植物的幼胚或愈伤组织等。

2.质粒 DNA:携带选择标记基因如 *npt*Ⅱ、*gus*A 或目的基因的双元载体。

(二)仪器和用具

1.仪器:超净工作台、PSD-1000/He 型基因枪、高压蒸汽灭菌锅、离心机等。

2.用具:钨粉或金粉、培养皿、Eppendorf 管等。

(三)化学试剂

70%乙醇、无水乙醇、无菌重蒸水、2.5mol/L CaCl₂ 溶液(过滤灭菌)、0.1mol/L 亚精胺溶液(过滤灭菌)、卡那霉素等。

(四)培养基

1.愈伤组织诱导培养基:在 MS 基本固体培养基中,加入 2.0mg/L 2,4-D,pH5.8,高压蒸汽灭菌后分装备用。

2.分化培养基:在 MS 基本固体培养基中,加入 1.0mg/L NAA,2.0mg/L ZT,pH 5.8,高压蒸汽灭菌后分装备用。

3.生根培养基:在 1/2 MS 基本固体培养基中,加入 2.0mg/L IAA,pH 5.8,高压蒸汽灭菌后分装备用。

4.高渗培养基:在愈伤组织诱导培养基中,加入 0.4mol/L 甘露醇,pH 5.8,高压蒸汽灭菌后分装备用。

5.选择培养基:分别在愈伤组织诱导培养基、分化培养基和生根培养基中,加入 50mg/L 卡那霉素。

四、实验步骤

（一）DNA 微弹的制备

1. 称取 50~60mg 钨粉或金粉（其微粒直径最好选择为细胞直径的 1/10），置于 1.5mL 灭菌的离心管中，加入 1mL 无水乙醇，振荡悬浮数次，4000~10000r/min 离心 10s，弃上清液。

2. 加入 1mL 无菌水清洗钨粉或金粉沉淀，振荡离心，弃上清液。重复 2 次，将钨粉或金粉悬浮于 1mL 无菌水中，现用或−20℃保存。

3. 取微粒悬浮液 50μL 于一新灭菌离心管中，加入 3~5μg 质粒 DNA、50μL 2.5mol/L $CaCl_2$ 溶液和 20μL 0.1mol/L 亚精胺溶液，混匀后室温静置 10min，使 DNA 充分沉降到金属微粒上。1000~1500r/min 离心 5~10s，弃上清液。

4. 无水乙醇漂洗 2 次，加入 60μL 无水乙醇重新悬浮颗粒，备用。

（二）受体材料准备

取受体细胞或组织，如小麦开花后 12~16d 的幼胚等，用 0.1% $HgCl_2$ 消毒 8~15min，无菌水冲洗 3~5 次，在超净工作台上剥离出幼胚，盾片朝上接种于愈伤组织诱导培养基上于 28℃下暗培养。将预培养 3d 的小麦幼胚转接到高渗培养基上处理，4~6h 后将其作为转化受体进行转化。若取自组织培养中的水稻或玉米等的愈伤组织，无需上述处理。

（三）装弹

1. 用 70% 乙醇擦净基因枪的真空室。将可裂膜、轰击膜和阻挡网浸泡于 70% 乙醇中 15min，吹干备用。

2. 打开真空泵和基因枪的电源开关及阀门。

3. 旋下可裂膜挡盖，将可裂膜放在挡盖中央，将挡盖旋上。

4. 取 10μL DNA-钨粉或金粉复合体均匀涂抹在轰击膜上，晾干。

5. 将载有 DNA 微粒子弹的轰击膜及阻挡网装入微粒发射装置中。

6. 将经过预处理的受体材料放置在轰击室的适当位置（阻挡板和靶细胞载物台之间的距离可为 6cm），关闭轰击室门。

（四）轰击

1. 按抽真空键（VAC 键）抽真空，当表上读数为所需值（88~101kPa）时，使键置于保持挡（HOLD 挡）。

2. 按住射击键（FIER 键），直至轰击结束。按住射击键会有一持续时间，这使氦气压力达到适当值（与可裂膜的型号相对应，可选 1100Pa 的可裂膜），当达到适当压力时可裂膜自动破裂，子弹才轰击受体细胞。

3. 按下放气键（VENT 键），使真空表读数归零。

4. 打开轰击室门，取出样品。通常每皿轰击 2 次，在第二次轰击前将培养皿水平旋转 180°，或将受体材料翻转。

（五）过渡培养

1. 将轰击后的幼胚或愈伤组织接种在高渗培养基上恢复培养 24h。

2. 转入不添加选择压的愈伤组织诱导培养基上，28℃下暗培养，培养时间根据外植体具体情况而定，总的原则是，受轰击的外植体要有充足的时间恢复，促进外源基因在受体细胞整合和表达。

（六）选择培养

将过渡培养后的外植体接种在添加适宜选择压（如卡那霉素）的选择培养基中进行选择培养，一般要经历在愈伤组织诱导培养基、分化培养基和生根培养基上连续继代培养，直至获得再生植株。

（七）转基因植株的检测

检测方法参见实验二十五至实验二十九。

五、注意事项

1. DNA 微弹的制备、装枪、轰击及受体材料培养等操作均应在无菌条件下进行。

2. 亚精胺最好现用现配，也可 -20℃ 保存，但保存时间不能超过 30d，否则会发生降解，影响转化效率。

3. 在 DNA 微弹轰击时，阻挡板和靶细胞载物台之间的距离要根据受体材料类型、状态和厚度等因素确定。

六、实验报告及思考题

1. 基因枪法转基因，与农杆菌介导法转基因比较，有何优缺点？

2. 基因枪法转基因在基因的瞬时表达研究中被广泛应用，为什么？

3. 在制备 DNA 微弹时，为什么要考虑金粉或钨粉的颗粒大小？而在 DNA 微弹轰击时，为什么要注意阻挡板和靶细胞载物台之间的距离？

实验二十四　花粉管通道法转基因

一、实验目的

以棉花为实验材料,用花粉管通道法转化外源目的基因,了解花粉管通道法的基本原理和一般操作步骤,掌握其遗传转化的基本操作技术。

二、实验原理

花粉管通道法转基因的基本原理是利用植物授粉后,花粉在雌蕊柱头上萌发形成的花粉管通道,将 DNA 液用微量注射器注入花柱中,使 DNA 沿着花粉管通道进入胚囊,实现外源基因转化受精卵的方法。植物在双受精完成后,受精卵细胞的初次分裂需要充分的物质和能量积累。此时期的细胞尚不具备完整的细胞壁和核膜系统,细胞内外的物质交流频繁,通过花粉管通道渗透进入胚囊的外源 DNA 有可能进入受精卵细胞,达到遗传转化的目的。利用花粉管通道法导入外源基因通常采用微注射法、柱头滴加法和花粉粒携带法等方法。棉花的花器官较大,常常采用微注射法,利用微量注射器将 DNA(如:含目的基因的双元载体)溶液注射到已开花受精的子房中(图 2-13),让其自然地结种子,其中有的种子是被转化了的种子。

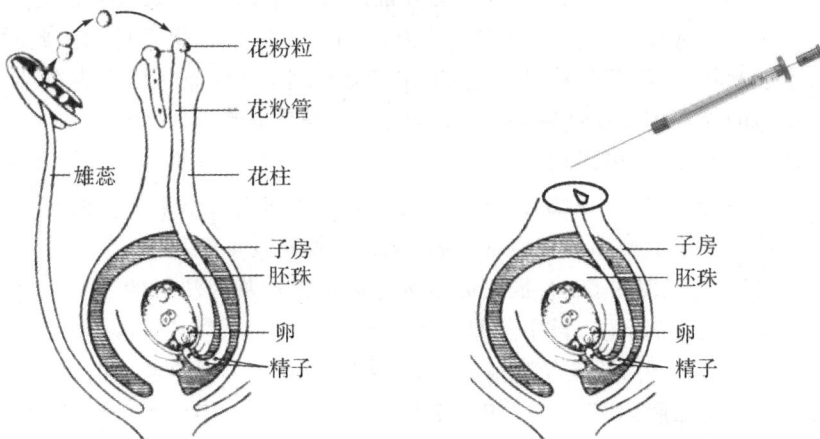

图 2-13　花粉管通道法转基因,图示用微注射器将 DNA 注入子房

与农杆菌介导法和基因枪法相比,花粉管通道法有效地利用了植物自然生殖过程,避开了受体组织或细胞需要经组织培养再生植株的难题,具有操作简单、方便、快速的特点,不需要装备精良的实验室,常规育种工作者易于掌握。此法的局限性在于只能用于开花植物的遗传转化,且只有在开花期才可以进行转育。随着研究的不断深入,花粉管通道法的技术体系和相关理论将更加完善。

三、实验材料与用具

（一）材料

1. 受体：开花时期的棉花子房。

2. 供体：含目的基因和抗卡那霉素基因的双元载体。

（二）设备和用具

1. 设备：超净工作台、控温摇床、高压蒸汽灭菌锅、台式离心机、冰箱等。

2. 微量移液器、微量注射器、Eppendorf 管等。

（三）试剂

$40\mu g/L$ 赤霉素溶液（过滤灭菌）、TE 缓冲液（10mmol/L Tris-HCl，1.0mmol/L EDTA，pH 8.0，蒸汽灭菌）、无菌重蒸水、洗涤剂等。

四、实验步骤

1. 供体 DNA 的制备：从大肠杆菌（参见实验十三）或从农杆菌（参见实验二十）中提取的双元载体 DNA，纯化后溶于 TE 缓冲液中，DNA 浓度为 $0.1\sim0.2\mu g/\mu L$，贮冰箱备用。

2. 受体材料的准备：棉花适当稀植（约 2000 株/亩），减少棉田荫蔽和降低蕾铃脱落。7—8 月是棉花开花盛期，也是花粉管通道法转基因操作的最佳时期。

3. 注射时间的选择：气温 24℃ 以上、阳光充足、相对湿度适中的上午 7:00—10:00，是适宜微量注射转基因的时间，有利于提高转化效率。相反，气温低于 20℃、阴天、湿度大的上午，注射时间要推迟到下午，等花朵颜色变粉红色才能进行。下雨天，不能注射。

4. 待注射花蕾的选择：下午，选择次日将开放的花蕾进行自交并标记。此时的花蕾，花冠快速伸长，形如指状，呈淡黄色或乳白色，突出于花萼外，次日即开放成为花朵。选择这些花蕾，于指状花冠的前端用细线扎紧，并将细线的另一端系于铃柄，作为收获时的标记。

5. 待注射子房的选择：在开花后 $20\sim24h$，即开花次日，选择果枝和花位较好的子房（已完成双受精）作为注射对象。一般选择每个果枝的第一个和第二个果节位的花朵作为转化操作对象，因为这些果节位上的棉铃成铃率较高，有利于收获较多的种子。

6. 注射器准备：一般使用 $50\mu L$ 医用微量进样器作为转基因注射的工具。每次使用前和使用后，应以低浓度洗涤剂清洗，再用蒸馏水漂洗。

7. 注射：进行子房注射时，摘除或剥去花瓣，抹平花柱。在剥除花瓣时，注意不能损伤幼子房的表皮层，以免增加脱落率。一般用右手持微量注射器，左手轻扶摘除花瓣后的幼子房，从抹平花柱处沿子房的纵轴方向进针全子房长度的 2/3 处，并后退至约 1/3 处（在针头前形成一定空间以容纳供体 DNA），轻轻推动微量注射器，将 DNA 溶液注入子房中，每个子房注射 $0.1\sim0.2\mu g$。

8. 在铃柄基部涂抹 $40\mu g/L$ 赤霉素溶液，以减轻幼铃脱落。

9. 挂牌标记处理过的棉铃，并在牌子上注明供体 DNA（基因）和受体的名称。

10. 摘除处理棉株的果枝的顶心，促进营养集中，提高成铃率。

11. 收获种子时，对转基因操作过的棉铃要单独采收，单独轧花，种子单独存放，以供进一步筛选和鉴定分析之用。

五、注意事项

1. 用花粉管通道法转基因,受体细胞是受精卵。因此,选择刚完成受精的花朵是关键,此时花粉管通道是完好存在的,供体 DNA 可沿着此管道渗入胚珠内的卵细胞,实现转化。

2. 用微注射器给子房注射 DNA 前,剥花冠动作要轻,尽量避免对子房的损伤,减少脱落率。

六、实验报告及思考题

1. 花粉管通道法转基因,与农杆菌介导法转基因和基因枪法转基因比较,有何优缺点?

2. 花粉管通道法转基因,其转化率主要受哪些因素的影响?

实验二十五　转基因植物的 *npt*Ⅱ 和 *bar* 基因检测

一、实验目的

掌握利用 *npt*Ⅱ 和 *bar* 基因鉴定转基因植物的原理和方法。

二、实验原理

在植物转基因中,外源基因导入植物细胞,往往需要一个合适的选择系统,以便使转化细胞优先生长,而非转化细胞死亡;为达到此目的,选择标记基因(selectable marker genes)通常与外源基因一起被导入植物细胞中。这些选择标记基因往往是对选择剂(抗生素或除草剂)具有抗性的基因,即能编码能使选择剂失活的蛋白质,故也称抗性基因。当抗性基因被导入植株细胞后,其细胞或组织对选择剂不敏感而能正常生长,而非转化的细胞或组织因不含抗性基因而死亡。因为抗性基因与目的基因连锁在一起,通过选择抗性基因可达到选择目的基因的目的。本实验主要介绍两种具有代表性的抗性基因——*npt*Ⅱ 基因和 *bar* 基因的检测方法。

*npt*Ⅱ 基因源于大肠杆菌(*Eschericia coli*),能编码新霉素磷酸转移酶。该酶可使一些磷酸化作用的抗生素失活,这样使含有该基因的转化细胞能暴露在抗生素下优先生长,从而转化细胞乃至植株可被筛选出来。*npt*Ⅱ 基因能抗几种抗生素,包括新霉素、卡那霉素、G418、巴龙霉素在内的氨基苷类抗生素(通过抑制蛋白质翻译来杀死细胞)。

bar 基因源于吸水链霉菌(*Streptomyces hygroscopicus*),能编码草胺膦乙酰转移酶(phosphinothricin acetyltransferase,PAT)。该酶可使一种常用的除草剂——草胺膦(phosphinothricin,PPT)转化成无毒的乙酰化物质,使除草剂失活,从而使含有该基因的转化细胞能暴露在草胺膦下优先生长,非转化细胞则死亡而淘汰。

在本实验中,我们首先用 PCR 法检测 *npt*Ⅱ 基因和 *bar* 基因是否存在于转基因植物中,然后用抗生素和除草剂涂抹法检测基因在转基因植物中是否表达。

三、实验材料与用具

1. 材料:转 *npt*Ⅱ 基因棉花及其受体(非转基因)棉花,转 *bar* 基因小麦及其受体(非转基因)小麦。

2. 仪器和用具:PCR 扩增仪、电泳装置、紫外观测仪、试剂瓶、1.5mL 管、PCR 管、脱脂棉签等。

3. 药品:卡那霉素、草胺膦、Tween 等。

四、实验步骤

(一)PCR 扩增转基因植株中的 **npt**Ⅱ 基因和 **bar** 基因

1. DNA 的提取:分别从转 *npt*Ⅱ 基因棉花及其受体(非转基因)棉花,转 *bar* 基因小麦及其受体(非转基因)小麦的植株上,取叶片1~2g,用CTAB法或商用试剂盒提取其DNA,具体操作参见实验十一。

2. PCR扩增:nptⅡ和bar基因分别用以下引物和条件进行PCR扩增,具体操作参见实验十五。

(1)nptⅡ基因

正向引物:5′ GAGGCTATTCGGCTATGACTG 3′

反向引物:5′ ATCGGGAGCGGCGATACCGTA 3′

复性温度:57℃

循环数:30

产物片段:679bp

(2)bar基因

正向引物:5′ GTCTGCACCATCGTCAACC 3′

反向引物:5′ GAAGTCCAGCTGCCAGAAAC 3′

复性温度:57℃

循环数:30

产物片段:444bp

3. PCR产物的检测:PCR产物经1%琼脂糖凝胶电泳,若发现凝胶中有棉花的679bp条带和小麦的444bp条带,则表明棉花和小麦分别含有nptⅡ基因和bar基因,反之则无。

(二)用选择剂涂抹叶片

1. 用卡那霉素涂抹转nptⅡ基因棉花叶片

(1)用蒸馏水配制2个不同浓度的卡那霉素溶液,分别为1000mg/L和1500mg/L。

(2)选取待测棉花植株的新展开倒1、倒2、倒3叶,用不同颜色标签给所选叶片做上标记,例如,白色代表用蒸馏水(对照)涂抹叶片,蓝色代表用1000mg/L卡那霉素涂抹叶片,红色代表用1500mg/L卡那霉素涂抹叶片。

(3)用圆珠笔在叶片正面的中部区域标上记号,用脱脂棉签蘸取卡那霉素溶液,均匀涂抹在记号附近区域,面积约1~2cm²,以湿润为准。涂抹顺序先是对照液(蒸馏水),然后是低浓度卡那霉素溶液,最后是高浓度卡那霉素溶液。

(4)涂抹7d后观察涂抹区域的叶色变化,棉花叶片对卡那霉素抗性反应变化较大,可分为7个等级:

0级:叶片正常。

1级:处理区域的叶色与周边正常叶色略有差异,但不明显,叶色仍为绿色。

2级:处理区域的叶色与周边正常叶色对比加深,差异较明显,叶色开始褪绿。

3级:处理区域的叶色与周边正常叶色差异明显,叶色由绿转黄。

4级:处理区域的叶色与周边正常叶色差异极明显,叶色由黄转白。

5级:处理区域的叶色与周边正常叶色差异极明显,叶色由白转褐,并稍有破损。

6级:处理区域的叶色与周边正常叶色差异极明显,叶色基本变褐,破损严重。

(5)在上述7个等级中,0级和1级可视为转基因植株。

2. 用草胺膦涂抹转bar基因小麦叶片

(1)用0.1% Tween稀释草胺膦(PPT),使PPT终浓度为0.2g/L和2g/L。

(2)对每一待测植株,从不同分蘖取 3 片大小近似、外观健康的叶片,避免旗叶。使用除草剂前,所选植物应该正常浇水。

(3)用彩色标签给所选叶片做上标记,例如,白色代表用 0.1% Tween 液(对照)处理叶片,蓝色代表用 0.2g/L PPT 处理叶片,红色代表用 2g/L PPT 处理叶片。

(4)用圆珠笔在每片叶长度的 1/2 处做上记号,用棉签在记号上部涂抹药液。涂抹顺序应该首先是对照液(0.1% Tween),然后是低浓度除草剂,最后是高浓度除草剂。

(5)除草剂作用 7d 后进行抗性(敏感性)检测。记录每处理叶片的涂抹区域出现枯萎斑(干枯和棕色)的大小或有无,也可根据叶片反应程度划分若干等级。

(6)当植物经上述除草剂处理后无枯萎斑的症状,可判为转基因植物,否则为非转基因植株。

五、注意事项

1. npt Ⅱ 基因能抗几种抗生素,包括新霉素、卡那霉素、G418、巴龙霉素。卡那霉素可被用作大多数植物的选择剂,但不能用于小麦和禾本科植物中,因为非转化细胞也能显示出自然抗性。另外,卡那霉素对不定芽的再生有一定程度的抑制作用,而 G418 和巴龙霉素则对再生的影响不明显。

2. 配制除草剂和将除草剂涂抹叶片时应戴上手套。

六、实验报告及思考题

1. 选择标记基因在植物转基因中的作用机制是什么?

2. 用选择剂(如抗生素和除草剂)筛选转化细胞,其准确性可能会受到一些因素干扰,如何避免?

实验二十六 转基因植物的 *gus* 基因检测

一、实验目的

掌握在转基因植物中报告基因 *gus* 表达的检测原理和方法。

二、实验原理

在植物转基因时,为了尽快地分析外源基因转入宿主细胞的情况,或检测外源基因的表达,往往在载体上还加上报告基因,或采用目标基因与报告基因相融合的方式。人们最常用的报告基因主要包括 β-葡萄糖苷酸酶基因(*gus*)、绿色荧光蛋白基因(*gfp*)、黄色荧光蛋白基因(*yfp*)、荧光素酶基因(*lux*)等,其中后几种基因的鉴别主要采用显微观察的方式,相对容易操作。而 *gus* 基因在转基因植物中的活性检测方法有组织化学定位法、分光光度法、荧光分析法、聚丙烯酰胺凝胶原位分析法等,其中,组织化学定位法和分光光度法因检测较简单而被广泛应用,本实验重点介绍这两种方法。

1. 组织化学定位法:*gus* 基因是编码 β-葡萄糖苷酸酶的基因,该酶是一种水解酶,能催化许多 β-葡萄糖苷酯类物质的水解。它常用的作用底物为 5-溴-4-氯-3-吲哚-β-D-葡萄糖苷酸酯(X-Gluc),在该酶的作用下可将该底物水解生成蓝色物质。如果在植物转基因时,质粒载体上有 *gus* 基因的序列,当 *gus* 基因进入宿主细胞后,可根据上述原理,通过添加底物 X-Gluc 的方法和根据颜色的变化,判断转入植物的外源基因是否发生了瞬时表达。由于转基因个体需要的周期较长,该方法可对转化体组织进行瞬时的、初步的检测,有利于减少工作量,尽快得到正确的转化体。

2. 分光光度法:以对硝基苯基-β-D-葡萄糖醛酸苷(p-nitrophenyl-β-D-glucuronide,pNPG)为底物,β-葡萄糖苷酸酶(GUS)水解其为对硝基苯酚;当溶液 pH 为 7.15 时,在波长 $400\sim420$nm 下显黄色,通常在终止反应后测定 415nm 处的吸收值,以求得酶活力。

在实际应用中,人们主要利用 *gus* 基因的瞬时表达进行启动子序列的功能鉴定,即将 *gus* 基因序列分别连到序列系列缺失的启动子上,通过转化后 *gus* 基因表达的结果来判断哪部分启动子序列为功能区。

三、实验材料与用具

1. 材料:转基因植物(含 *gus*)和非转基因植物(受体)。

2. 试剂:磷酸钠缓冲液(pH7.0)、铁氰化钾、亚铁氰化钾、EDTA、甲醇、X-Gluc、二甲基甲酰胺(DMF)等。

3. 仪器和用具:冰箱、恒温箱、超净工作台、分光光度计、研钵、Eppendorf 管、镊子、解剖刀等。

四、实验步骤

（一）组织化学定位法检测 gus 基因的表达

1. 试剂配制

(1)50mmol/L 磷酸钠缓冲液(pH7.0)：

A 液：取 $NaH_2PO_4 \cdot 2H_2O$ 3.12g，溶于蒸馏水，定容至 100mL。

B 液：取 $Na_2HPO_4 \cdot 12H_2O$ 7.17g，溶于蒸馏水，定容至 100mL。

取 A 液 39mL 与 B 液 61mL 混合，定容至 400mL，调 pH 至 7.0。

(2)50mmol/L 铁氰化钾母液：称铁氰化钾 3.295g，用蒸馏水定容至 200mL。

(3)50mmol/L 亚铁氰化钾母液：称亚铁氰化钾 4.224g，用蒸馏水定容至 200mL。

(4)5mol/L EDTA 母液(pH8.0)：

EDTA	18.6g
ddH$_2$O	80mL
用 NaOH 调 pH 至 8.0	用量约 8g
用 ddH$_2$O 定容至	100mL

(5)GUS 检测液的配制：首先将 100mg X-Gluc 溶于 1mL DMF 中，备用；取 80mL 50mmol/L 磷酸钠缓冲液(pH7.0)，加入 1mL 50mmol/L 铁氰化钾、1mL 50mmol/L 亚铁氰化钾和 2mL 0.5mol/L EDTA(pH8.0)，混匀后再加入已溶解的 X-Gluc 1mL，甲醇 20mL，再混匀。最后将配好的 GUS 检测液分装于 1.5mL 塑料管中(1mL/管)，－20℃保存备用。

2. 将植物材料切成小块组织以增加其与缓冲液的接触面。对更难浸入的组织，可采用真空浸入法。

3. 将组织浸泡在含有 GUS 检测液的塑料管中。

4. 放置在 37℃水浴锅内过夜。

5. 移去检测液，并用 50％乙醇清洗数次，直至对照组织变白。

6. 观察组织中是否有被染成蓝色的区域，若有蓝色区域，表明该区域的细胞有 gus 基因表达。如图 2-14-左所示，离层(AZ)细胞和柱头(Stigma)细胞因 gus 基因表达被染成蓝色，而其他组织细胞因 gus 基因不表达(处沉默)呈白色；同时也说明该 gus 基因前面接的启动子具有时空表达的特点。又如图 2-14-右所示，转基因愈伤组织(1～4)因 gus 基因表达被染成蓝色，而非转基因愈伤组织(C)因不含 gus 基因呈白色。

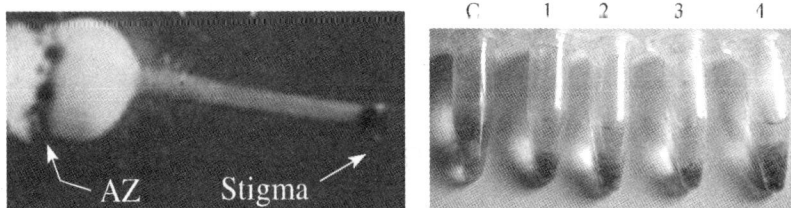

图 2-14　组织化学定位法检测 GUS 活性

左：子房与叶柄间的离层(AZ)细胞和柱头(Stigma)细胞被染成蓝色，表明该两类细胞有 gus 基因表达。右：C 为非转基因愈伤组织，1～4 为转基因愈伤组织。

（二）分光光度法测定 GUS 活性

1. 试剂的配制

（1）GUS 提取缓冲液：50mmol/L Na_3PO_4（pH 7.0），10mmol EDTA，0.1％ Triton X-100，0.1％月桂酰基肌氨酸钠（sarcosyl），10mmol/L β-巯基乙醇。

（2）反应缓冲液：50mmol/L Na_3PO_4（pH 7.0），1mmol EDTA，0.1％ Triton X-100，10mmol/L β-巯基乙醇，1mmol/L pNPG（对硝基苯基-β-D-葡萄糖醛酸苷）。

（3）反应终止液：1mol/L 2-氨-2-甲基-1,3-丙二醇（2-amino-2-methyl-1,3-propanadiol）。

（4）标准样品：以 1μmol/L 对硝基苯酚为标准样品。

（5）考马斯亮蓝 G250 溶液：100mg 考马斯亮蓝 G250 溶于 50mL 95％乙醇中，加 10mL 磷酸，用双蒸水定容至 1L，过滤后在 4℃下暗处存放。

2. GUS 提取液的制备

（1）取新鲜转基因材料于预冷的研钵中，加入 2～4 倍体积的 GUS 提取缓冲液置冰上，充分研磨成匀浆状。

（2）4℃下 4000r/min 离心 10min，吸取上清液置于新的 Eppendorf 管中（置冰箱 4℃下备用），即为 GUS 提取液。

3. GUS 提取液的蛋白质含量测定（Bradford 法）

（1）标准曲线的制作：称取 20mg BSA（牛血清蛋白），加入 0.5mL 提取缓冲液，用双蒸水定容至 100mL，配成 0.2mL BSA 母液，并分别稀释成 10、20、40、60、80、100μg/mL 的工作浓度，取各浓度下的 BSA 4mL，加 1mL 考马斯亮蓝 G250 溶液，混匀，室温下放置 2min，测定 595nm 处的光吸收值，用吸收值对蛋白质浓度作图即得标准曲线。

（2）提取液蛋白质含量测定：取 20μL GUS 提取液，加双蒸水至 4mL，加 1mL 考马斯亮蓝 G250 溶液，混匀，室温下放置 2min，测定 595nm 处的光吸收值，根据标准曲线计算出蛋白质的含量。

4. 提取液中 GUS 活性的测定

（1）取 6 支试管，编号，各管加入含 35μg 蛋白质的 GUS 提取液，加入反应缓冲液至 1mL，混匀。

（2）立即向 1 号管中加入 400μL 反应终止液，并记为起始反应管。

（3）其余 2～6 号管置于 37℃条件下保温，分别在距起始管 5、10、15、25、35min 向管内加入 400μL 反应终止液。

（4）测定各管反应液的光吸收值，将样品置分光光度计中，以起始管作为空白，测定不同反应时间的样品及标准样品（1μmol/L 对硝基苯酚）415nm 处的光吸收值。gus 基因表达活性以每微克总蛋白每分钟的光吸收值[OD/(min·μg)]表示。

五、注意事项

1. GUS 检测液的准确配制非常关键，如果配制不当，很难使可能的转化组织染色。

2. 叶绿素含量高的材料，适当增多乙醇脱色的次数。

3. 实验要有严格的阴性对照。高效表达的细胞可能导致蓝色浸入周边区域，因此大片蓝色的出现并不奇怪。然而大部分组织呈现浅而扩散的蓝色可能表明（内源）细菌/真菌污染，这要与弱 GUS 表达区分开来。

六、实验报告及思考题

1. *gus* 基因检测方法在植物基因功能研究方面有哪些用途？

2. 比较组织化学定位法和分光光度法检测 *gus* 基因表达的特点，各有何优缺点？

实验二十七　转基因植株的 Southern 杂交分析

一、实验目的

　　掌握用 Southern 杂交法鉴定外源基因在转基因植株中整合的原理和方法,以提高学生综合实验的能力。

二、实验原理

　　无论用农杆菌介导法,还是用基因枪法和花粉管通道法,对受体细胞进行遗传转化,并不是所有受体细胞均能被转化,往往只有少数细胞能被转化。这就需要鉴定在受体基因组中是否整合了外源基因,才能筛选出真正的转化体。虽然,我们在组织培养过程中,利用抗生素标记基因在抗性培养基上对受体细胞进行了抗性筛选,获得了具有抗性的植株,但还不能完全排除在这些初选植株中存在假阳性植株的可能,还需要进一步用分子生物学的鉴定方法来确定外源基因是否真正插入并稳定整合到植物细胞的基因组中。只有当外源基因插入到受体的染色体中,该基因才能稳定遗传给子代。

　　外源基因是否插入到受体的染色体中,常用的鉴定方法主要有 PCR 法和 Sorthern 杂交法。其中的 PCR 法,我们在实验十五中已有介绍,在本实验只介绍 Sorthern 杂交法。Sorthern 杂交法是指双链 DNA 分子的变性以及与带有互补序列的同源单链探针间的配对过程;通常是指将电泳分离的 DNA 片段转移到一定的固相支持物(硝酸纤维素膜或尼龙膜)上,用探针(同位素或生物素标记的 DNA 片段)探测在这些 DNA 片段中是否存在与探针同源的片段的技术。从图 2-15 可看出,Sorthern 杂交的步骤主要包括:基因组 DNA 酶切、电泳、转膜、杂交和显色或显影。如果待测的转基因植株的基因组中含有与探针互补的序列,则两者通过碱基互补的原理进行结合(杂交),如图 2-15 的第 6 步,在膜上的 DNA 片段中某一片段如果与探针片段在碱基上是互补的,两片段间就能结合(杂交),洗去游离探针后,用自显影或其他合适的技术(化学发光法或显色法)就可显示出杂交的带(图 2-15 的第 7 步),而这些带就是探针对应的 DNA 片段或基因。

　　该方法过程相对繁琐,但由于该方法具有灵敏度高、可检测片段大小及拷贝数的特点,仍是检测外源基因在生物基因组中是否整合的重要技术。此外,Southern 杂交技术也被用来鉴定不同生物间的遗传多态性,即限制性片段长度多态性(restriction fragment length polymorphism,RFLP)。RFLP 作为一种重现性很好的 DNA 标记,在植物分子标记辅助选择育种中有重要地位。

　　在 Southern 杂交中,探针标记的方法可以分为放射性标记法和非放射性标记法两种。前者灵敏度高,但存在安全问题;后者虽然灵敏度不及前者,但安全性好。本实验先介绍放射性标记法,而非放射性标记法在实验二十八的 Northern 杂交中介绍。

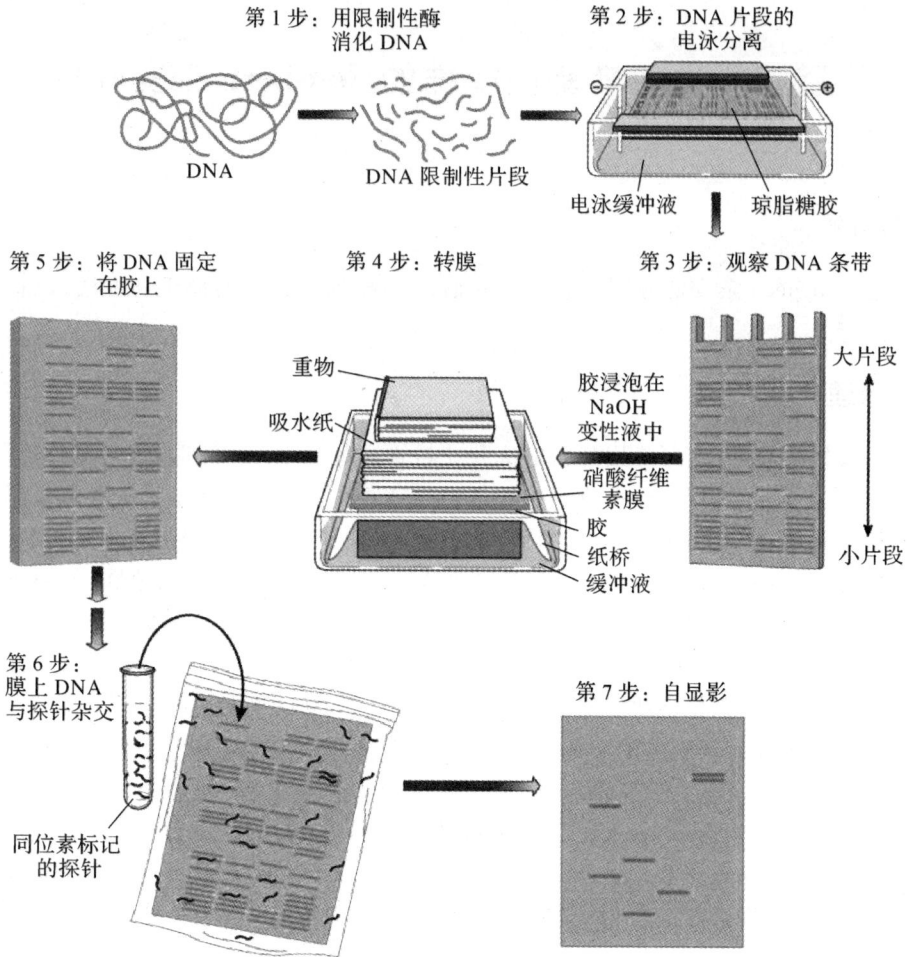

第1步：用限制性酶消化 DNA

DNA
DNA 限制性片段

第2步：DNA 片段的电泳分离

电泳缓冲液　琼脂糖胶

第5步：将 DNA 固定在胶上

第4步：转膜

重物
吸水纸

胶浸泡在 NaOH 变性液中
硝酸纤维素膜
胶
纸桥
缓冲液

第3步：观察 DNA 条带

大片段

小片段

第6步：膜上 DNA 与探针杂交

同位素标记的探针

第7步：自显影

图 2-15　Southern 杂交示意图

三、实验材料与用具

（一）材料

转基因植物的 DNA，外源基因作为探针的 DNA 片段。

（二）仪器和用具

1. 仪器：台式离心机、振荡恒温水浴锅、电泳仪、水平电泳槽、转印装置、杂交炉、紫外交联仪或 80℃ 烤箱、摇床、放射性污染监测器、塑料封口机等。

2. 用具：杂交袋、尼龙膜或硝酸纤维素膜、滤纸、吸水纸、镊子、保鲜膜、X 线底片和暗盒等。

（三）试剂

1. 酶切：限制性内切酶（$EcoR \text{I}$）及其 10×缓冲液。

2. 电泳：DNA Marker、DNA 加样缓冲液（0.25％溴酚蓝，0.25％二甲苯氰 FF，30％甘油）、0.5×TBE 电泳缓冲液（称取 Tris 2.18g，硼酸 1.1g，EDTA 0.14g，溶于蒸馏水，用盐酸

调 pH 至 8.0,蒸馏水定容至 400mL,灭菌后备用)、琼脂糖凝胶(琼脂溶于 0.5×TBE 电泳缓冲液至终浓度为 0.8%)、溴化乙锭染色液(溴化乙锭溶于 0.5×TBE 电泳缓冲液至终浓度为 0.5μg/mL)。

3. 转膜:变性液(1.5mol/L NaCl,0.5mol/L NaOH)、中和液(1mol/L Tris-HCl,pH8.0；1.5mol/L NaCl)、20×SSC(3mol/L NaCl,0.3mol/L 柠檬酸三钠)。

4. 放射性核素标记探针(切口平移标记法):10×切口平移缓冲液(pH7.2 0.5mol/L Tris-HCl,0.1mol/L MgSO$_4$,1mmol/L DTT,500μg/mL 牛血清白蛋白)、10μCi/μL ^{32}P 标记的 dCTP、20mmol/L dNTP(不含 dCTP)、DNA 聚合酶 I、1mg/mL DNase I、0.5mol/L EDTA。

5. 杂交和自显影:50×Denhardt 溶液(5g Ficoll 400 聚蔗糖,5g 聚乙烯吡咯烷酮,5g 牛血清白蛋白,加水至 500mL)、预杂交液(6×SSC,5×Denhardt 溶液,0.5% SDS,100μg/mL 变性的鲑精 DNA)、杂交液(预杂交液中加入变性探针即为杂交液)。用市售医用 X 射线胶片显影粉和定影粉配制显影液和定影液。

四、实验步骤

(一)酶切植物基因组 DNA

(1)从转基因植物和非转基因植物(对照)中分别提取基因组 DNA,提取方法参见实验十一。

(2)在 200μL 微量离心管中,加入 25μL DNA 样品(约 10μg)、3μL 限制性内切酶(EcoR I,10U/μL)、5μL 相应的 10×缓冲液,补水到 50μL,混匀。

(3)于 37℃水浴 12～16h,以完全消化植物基因组 DNA。

(二)电泳分离 DNA 片段

(1)将酶切后的 DNA 片段样品点样于 0.8%琼脂糖凝胶中,并在胶左侧的点样孔中加 DNA Marker。在 25～30V 稳压电泳分离 DNA 片段。

(2)当溴酚蓝或二甲苯氰 FF 在凝胶中泳动到离终点约 2cm 时,停止电泳。

(3)在溴化乙锭染色液中浸泡凝胶 30min,将胶放在紫外灯下,观察电泳结果,并照相和记载,切下 Marker 和切去胶右上角以定位。

(三)DNA 片段转移至杂交膜上

(1)取一只比凝胶面积要大的玻璃平皿,将胶平放在其中,用 ddH$_2$O 洗胶,然后加入变性液,浸泡和水平摇动 40min,使 DNA 充分变性。

(2)用 ddH$_2$O 洗胶后,加入中和液,浸泡和水平摇动 40min,使胶中和。

(3)取一个如图 2-15 的第 4 步所示的容器,在容器中加入 20×SSC 溶液,中央放一个面积比胶稍大的支持平台,上面放一块玻璃板,板上铺两张滤纸做成纸桥,纸桥两端浸在 20×SSC 溶液中,用一玻璃棒水平排除玻璃板与滤纸间的气泡。

(4)将胶放置在纸桥上,注意排除气泡。

(5)准备与胶一样大的尼龙膜(杂交膜)一张,用 ddH$_2$O 充分浸透膜后浸入 10×SSC(注意:应戴手套,以避免因接触而污染膜)。

(6)将尼龙膜放在胶上,避免气泡,四周以保鲜膜或封口膜环绕以防止 SSC 直接被纸巾吸收(短路)。

(7)在尼龙膜上盖同样大小的经 10×SSC 浸泡过的滤纸 2 张。

(8)裁一叠吸水纸,厚约 5cm,大小略比尼龙膜小,压在滤纸上。

(9)放置一块玻璃板于吸水纸上,玻璃板上放一个约 500g 重的物品。

(10)吸湿后吸水纸更换 2 次。若电转移,约需 12h 或过夜。

(11)弃去吸水纸和滤纸,将凝胶和尼龙膜置于一张干滤纸上。在结合 DNA 一面的膜上,用软铅笔标明点样孔位置。

(12)尼龙膜浸泡在 6×SSC 溶液中 5min,以除去凝胶碎块。

(13)尼龙膜置于两层干燥滤纸中,真空 80℃烘烤 2h,使 DNA 固定于膜上。

(14)此尼龙膜即可用于下一步杂交反应。如果不立即使用,可用铝箔包好,室温下置真空中保存备用。

(四)放射性核素标记探针、杂交和自显影

1. ^{32}P 标记探针(切口平移标记法)

(1)取 1μg 探针 DNA 溶于少量无菌蒸馏水中。

(2)加 5μL 10×切口平移缓冲液,混匀。

(3)加 20mmol/L dATP、dGTP、dTTP 溶液 1μL。

以下操作均应在同位素工作室中并在有机玻璃防护屏的防护下戴手套及冰浴中进行。

(4)加 100μCi(10μL)^{32}P 标记的 dCTP 溶液。

(5)加入无菌蒸馏水至终体积为 46.5μL,混匀。

(6)加 1μL DNaseⅠ溶液及 1μL(5U)DNA 聚合酶Ⅰ,混匀。

(7)置 14～16℃水浴中保温 1～2h。

(8)加入 2μL 0.5mol/L EDTA 以终止反应。

(9)加 2 倍体积的预冷无水乙醇,用沉淀法回收标记的 DNA 探针。

2. 杂交与自显影

(1)将印渍有 DNA 的尼龙膜浸泡于预杂交液中 2min。预杂交液中含非特异性 DNA(鲑精 DNA)片段,它可封闭待测核酸分子中的非特异性位点,减小非特异性杂交背景。

(2)将湿润的尼龙膜放入一塑料袋中,按每平方厘米尼龙膜 2mL 的量加入预杂交液,排除其中的气泡。用塑料封口机将口封牢。

(3)将杂交袋浸入 68℃的振荡恒温水浴中温育 4h。

(4)剪去杂交袋一角,弃预杂交液。

(5)按每平方厘米尼龙膜 2mL 的量加入杂交液(含探针 10μL),如果放射性标记的探针为双链,则于 100℃加热 5min 使其变性,迅速在冰浴中将探针骤冷再用。

(6)排除气泡后,重新封好口。为防止渗漏放射性污染源,可在此塑料袋外套上另一塑料袋。

(7)在 68℃的振荡恒温水浴中温育 8～16h。

(8)杂交完毕,取出杂交袋,剪去一角,弃去所有的杂交液,然后取出膜,并迅速浸泡于大量 6×SSC 和 0.5% SDS 溶液中,室温下连续振荡洗涤 5min。

(9)将尼龙膜转移至一盛有大量 2×SSC 和 0.1% SDS 溶液的容器中,室温漂洗两次,每次 10min。

(10)再将尼龙膜转入 0.1×SSC 和 0.1% SDS 溶液,37℃下洗涤 30min。

(11)最后将尼龙膜转入 $0.1\times$ SSC 和 0.1‰ SDS 溶液,65℃恒温水浴,继续漂洗10～30min,直至用放射性污染监测器在无 DNA 区域几乎不能测出放射信号为止。

(12)空气干燥尼龙膜后进行自显影:用保鲜膜包住尼龙膜,固定在滤纸上,在暗室中于尼龙膜上覆盖一张 X 线片,并用两张增感屏将尼龙膜和 X 线底片夹住,放在暗盒中,曝光1～2d(如信号弱,可延长曝光时间)。

(13)取出 X 线片,置显影液中显影 15min,置定影液中定影 20min,用水冲洗后晾干。

五、注意事项

1. 由于植物基因组 DNA 相对分子质量大,要以较大体积进行限制酶消化,消化完毕后,可以通过乙醇沉淀、浓缩 DNA 片段,加少量 DNA 加样缓冲液点样。电泳后,应尽量缩短凝胶在紫外灯下的曝光时间,因为紫外光照射会降低 DNA 互补杂交的能力。

2. 对基因组 DNA 进行酶切,既可单酶切,也可双酶切,但多数情况采取单酶切。酶的选用原则是酶切后生成的 DNA 片段必须含有整个探针序列,即使用的酶在探针序列内部不应有酶切位点,这样一般可认为杂交带数就是外源基因的拷贝数。

3. 在凝胶碱变性的同时,要准备转膜装置。Southern 杂交转膜的方法常有 3 种:①毛细管转移法;②电转移法;③真空转移法。我们这里只采用了最经典的毛细管转移法,一定要注意将转膜装置中各层滤纸和膜之间的气泡赶净。一旦建立转膜系统后,防止滤膜和凝胶错位。防止吸水纸倒塌和完全湿透,要及时更换吸水纸。

4. 转印结束后注意尼龙膜要始终保持湿润,否则会增加检测背景。戴手套操作,避免用手接触尼龙膜,否则会留下痕迹。另外,在进行放射性核素标记探针时,必须严格按照相关操作规则。

5. Southern 杂交能否检出杂交信号受很多因素的影响,包括待测 DNA 片段在总 DNA 片段中所占的比例、探针的大小和比活性、转移到滤膜上的 DNA 量、探针与待测 DNA 片段的配对情况等。在最佳条件下,放射自显影曝光数天后,Southern 杂交能很灵敏地检测出低于 0.1pg 的待测 DNA(若 ^{32}P 标记探针的比活性大于 10^9 cpm/μg)。

六、实验报告及思考题

1. 如何根据 Southern 杂交结果判断待测基因(或 DNA 序列)的拷贝数?

2. 在 Southern 杂交的整个实验过程中应注意哪些环节?

实验二十八　转基因植株的 Northern 杂交分析

一、实验目的

通过学习 Northern 杂交技术，掌握外源基因在转基因植物中转录表达的分析方法。

二、实验原理

外源基因整合进入植物基因组后，其表达的研究对于确定转基因是否获得预期结果非常重要。根据中心法则，由 DNA 转录为 RNA 是基因表达的第一步，因此对于外源靶基因在 RNA 水平上的表达分析方法是我们首先需要重点掌握的内容。其分析通常包括：①植物组织总 RNA 的提取、②以总 RNA 为模板的 RT-PCR 技术、③Northern 杂交技术等。其中，①和②在实验十二和实验十五中已有介绍，本实验重点介绍 Northern 杂交技术。

Northern 杂交是用于 RNA 定量和定性分析的常用技术，在基因克隆和转化中用于鉴定外源基因的 RNA 表达情况。Northern 杂交的基本原理与 Southern 杂交（参见实验二十七）大致相同，但由于 Northern 杂交采用 RNA 作为实验材料，因而具有一些与 DNA 分子杂交不同的特点。由于 RNA 在强碱性条件下会降解，故与 Southern 杂交不同，不能用碱变性。甲醛电泳是一种理想的 RNA 变性电泳方法。甲醛可以与碱基形成具有一定稳定性的化合物，同时也可以降低电泳系统的离子强度，这些有助于阻止 RNA 分子互补区的碱基配对，使 RNA 分子完全变性。其次，与其他有关 RNA 的操作一样，RNA 电泳过程中应始终抑制 RNA 酶的活性，包括避免外源性 RNA 酶的污染和抑制内源性 RNA 酶的活性，其操作要求在实验十二和实验十五中已有说明。

Northern 杂交中核酸探针的制备与 Southern 杂交相同，可分为放射性标记和非放射性标记两种方式。放射性标记的探针灵敏度高，分辨率好，是目前较为常用的一种方法，但探针的非放射性标记方法由于具有安全、快速、无同位素污染等优点而逐步取代放射性标记法。探针的放射性标记方法在 Southern 杂交实验中已作叙述，这里介绍一种探针的非放射性标记方法（同样适用于 Southern 杂交）——地高辛标记法。

地高辛标记法是非放射性标记方法之一。地高辛只存在于洋地黄植物中，因此其他生物体中不含有抗地高辛的抗体，避免了采用其他半抗原作标记可能带来的背景问题。将地高辛连接于 dUTP 或 UTP 第 5 位的嘌呤环上，可用酶促反应掺入 DNA 或 RNA 中。然后用带有碱性磷酸酶、过氧化物酶或荧光素的抗地高辛抗体进行免疫反应，通过化学显色或直接在荧光显微镜下观察来进行检测。地高辛标记探针类似于半抗原标记的免疫核糖核酸探针，其过程与放射性核酸探针酶促标记法基本相同。

三、实验材料与用具

（一）材料

转基因植物的 RNA，外源基因作为探针的 DNA 片段。

（二）仪器和用具

1.仪器:台式离心机、振荡恒温水浴、电泳仪、水平电泳槽、转印装置、杂交炉、紫外交联仪或80℃烤箱、摇床、塑料封口机等。

2.用具:DEPC水浸泡过的离心管(0.5mL、1.5mL和50mL)、移液器及DEPC水浸泡过的吸头(20μL、200μL和1000μL)、杂交袋、尼龙膜或硝酸纤维素膜、滤纸、吸水纸、剪刀、镊子、保鲜膜等。

（三）试剂

1. 变性RNA电泳和转膜:0.1% DEPC(焦碳酸二乙酯)处理的水(0.1mL DEPC加入100mL双蒸水中,振摇过夜,再高压蒸汽灭菌)、10×MOPS电泳缓冲液(0.2mol/L MOPS, 0.05mol/L NaAc,0.01mol/L EDTA,pH 5.5～7.0)、RNA加样缓冲液(甲酰胺0.72mL,10×MOPS 0.16mL,37%甲醛溶液0.26mL,0.1%DEPC水0.18mL,80%甘油0.1mL,饱和溴酚蓝0.08mL)、琼脂糖、37%甲醛。

2. 探针的标记:10×随机引物缓冲液[900mmol/L HEPES,100dNTP溶液(含dATP、dCTP和dGTP各5mmol/L)]、地高辛-dUTP、Klenow酶、无水乙醇、0.2mmol/L EDTA (pH8.0)、4mmol/L LiCl。

3. 杂交:杂交液(5×SSC,0.1% N-十二烷基肌氨酸钠盐,0.02% SDS,0.1% BSA)、标记好的探针、2×SC,10% SDS。

4. 酶联免疫显色:抗地高辛抗体碱性磷酸复合物、5-溴-4-氯-3-吲哚磷酸盐(BCIP)或硝基蓝四唑盐(NBT)、缓冲液Ⅰ(100mmol/L Tris-HCl,pH7.5;150mmol/L NaCl)、缓冲液Ⅱ(缓冲液Ⅰ,0.5%脱脂奶粉)、缓冲液Ⅲ(100mmol/L Tris-HCl,pH9.5;100mmol/L NaCl, 50mmol/L MgCl$_2$)、显色液(10mL缓冲液Ⅲ中加入45μL NBT和3μL BCIP,临用前配制)。

四、实验步骤

（一）RNA提取

参照实验十二。

（二）RNA电泳

1. 琼脂糖凝胶制备:1g琼脂糖,10mL 10×MOPS,加0.1% DEPG水至73mL,微波炉煮沸5min使琼脂糖溶解,冷却到50℃,加入17mL 37%甲醛和5μL 5mg/mL溴化乙锭,混匀后倒入平板。

2.RNA样品处理:取10～20μg/μL总RNA 1μL,加入15μL上样缓冲液溶解RNA,95℃加热2min,使RNA变性后,迅速冰浴放置。

3.用20μL移液枪将样品依次加到样品孔内,1×MOPS作为电泳缓冲液,恒压3～4 V/cm,3h后在紫外灯下观察结果。

（三）转膜

参照实验二十四的Southern杂交转膜步骤。

（四）探针的标记

1. 取0.5μg DNA(2μL)待标记探针到无菌EP管中,补13μL无菌重蒸水,在离心机上离心混匀。100℃变性10min,迅速转移至冰上冷却。

2. 在冰浴中按顺序加入2μL 10×随机引物缓冲液,1μL 5mmol/L dNTP [dATP、

dCTP、dGTP，5μL 地高辛-dUTP（1mmol/L）]，2μL Klenow 酶（10U），混匀，室温下放置 3h 以上。

3. 加 5μL 0.2mmol/L EDTA，10min 终止反应。

4. 用无水乙醇纯化探针：加入 20μL 4mmol/L LiCl 和 500μL 预冷的无水乙醇，充分混匀后于−20℃放置 2h 以上。10000r/min 离心 15min，去上清液，用 50μL 70%乙醇溶液洗涤沉淀 2 次，真空干燥，加 20μL TE 溶解，置−20℃备用。

（五）杂交

1. 将待杂交的滤膜放入杂交袋中，按 20mL/100cm² 滤膜计算加入预杂交液，68℃水浴摇床预杂交 1～2h。

2. 倒去预杂交液，按 250mL/100cm² 滤膜计算向杂交袋内加入的杂交液，将已标记好的 DNA 探针煮沸 5min，迅速在冰上冷却。将探针加入杂交袋内，充分混匀，68℃杂交 6h 以上。

3. 取出杂交膜，在室温下用 50mL 2×SSC 含 0.1% SDS 溶液洗膜 2 次以上，每次 5min；然后在 68℃下用 50mL 0.1×SSC、0.1% SDS 溶液洗膜 2 次，每次 15min。膜可立即用于显色检测或储存在干燥的环境中备用。

（六）酶联免疫显色

1. 在室温下用缓冲液 I 洗膜 1～5min，缓冲液 II 洗膜 30min，再用缓冲液 I 洗膜 5min。

2. 用缓冲液 I 稀释抗地高辛抗体（1∶2000），将膜放入其中浸泡温育 30min。

3. 取出膜，缓冲液 II 洗膜 2 次以上，每次 15min；再用缓冲液 I 洗膜 2 次，每次 5min。

4. 在暗室内，用 10mL 显色液浸泡膜 30～60min，显色弱者可延长浸泡时间至 18h。

5. 显色清楚的立即弃显色液，并用 TE 缓冲液终止显色反应，照相记录显色结果。

五、注意事项

1. 植物细胞的 RNA 主要由 rRNA（包括 28S、18S 和 5S 的 RNA，占 RNA 总量的 80%～85%）、tRNA 及小分子 RNA（占 10%～15%）和 mRNA（占 1%～5%）组成。植物 RNA 在电泳图中主要显示 3 条带，分别是含量较高的 28S、18S 和 5S rRNA，其他 RNA 因表达量低，基本看不到。其中，28S 的 RNA 的亮度应为 18S 的 RNA 亮度的两倍，才能说明总 RNA 样品完整性好，没有发生降解。

2. 在 RNA 的提取、电泳、转膜和杂交等操作时，若要保证 RNA 不发生降解，最关键的是要尽量避免 RNase 的污染。RNA 酶是一类生物活性非常稳定的酶，除细胞内 RNase 外，环境中灰尘、各种实验器皿和试剂、人体的汗液及唾液中均存在 RNase。这类酶耐热、耐酸、耐碱，煮沸也不能使之完全失活，而且其活性亦无需辅助因子，但蛋白质变性剂，如异硫氰酸胍、苯酚、焦碳酸二乙酯（DEPC）等可使其失活，以防止 RNA 在操作过程中的降解。另外，为防止 RNase 的污染，在实验中应注意以下几点：

（1）始终戴一次性手套，防止皮肤携带的细菌和真菌污染 RNA 制品，同时采用适当的微生物无菌操作技术以防止微生物污染。

（2）使用灭菌的一次性塑料制品以防止来自共用设备的交叉污染。

（3）玻璃器皿、研钵等应在 160～180℃的高温下烘烤 4h。

（4）塑料制品用含 0.1% DEPC 的水溶液浸泡过夜，然后用灭菌水淋洗数次，并于 100℃下烘烤 15min，再高压蒸汽灭菌 15min，以除去器皿上痕量的 DEPC，避免 DEPC 对 RNA 的嘌吟碱基进行修饰。DEPC 是很强的 RNA 酶抑制剂，其作用机制是通过与蛋白质中组氨酸结合而使蛋白质变性。

（5）所用试剂瓶均应用 0.1% DEPC ddH$_2$O 浸泡过夜，然后高温灭菌；电泳槽用 3% H$_2$O$_2$ 溶液浸泡 2h，然后用 0.1% DEPC 处理的水彻底冲洗。

六、实验报告及思考题

1. RNA 电泳分离为什么要用甲醛？
2. Northern 杂交与 Southern 杂交比较，有何异同？
3. 在实验过程中，如何避免 RNA 的降解？
4. 探针的非放射性核素标记，与放射性核素标记比较，有何异同点？各有何优缺点？

实验二十九　转基因植株的 Western 杂交分析

一、实验目的

掌握聚丙烯酰胺凝胶垂直板电泳分离蛋白质的基本原理及其操作过程。了解和掌握 Western 杂交的基本原理和操作技术。

二、实验原理

Western 杂交是一种用来检测基因表达的最终产物——蛋白质的技术。这种技术又称为固定化蛋白质的免疫学测定,是将蛋白质从电泳胶中转移至固相支持介质上后,以抗体为探针进行杂交,对复杂混合蛋白质中的某些特定蛋白质进行定性或定量检测的一种方法。其操作过程与 Sorthern 或 Northern 杂交有许多类似之处,包括从生物体中提取蛋白质、蛋白质的电泳分离、转膜、膜与探针杂交、显色或显影。但是,Western 杂交采用的是聚丙烯酰胺凝胶电泳(polyacrylamide gel electrophoresis,PAGE),被检测物是蛋白质(抗原),"探针"是抗体,"显色"物是标记的第二抗体。经过 PAGE 分离的蛋白质样品,转移到固相载体(例如 NC 膜或 PVDF 膜)上,固相载体以非共价键形式吸附蛋白质,且能保持电泳分离的多肽类型及其生物学活性不变。以固相载体上的蛋白质或多肽作为抗原,与对应的抗体(第一抗体)起免疫反应,再与酶或同位素标记的第二抗体(以第一抗体为抗原)起反应,经过底物显色或放射自显影以检测电泳分离的特异性目的基因所表达的蛋白质。

聚丙烯酰胺凝胶是由单体丙烯酰胺(acrylamide,Acr)和交联剂 N,N'-甲叉双丙烯酰胺(N,N'-methylene-bisacrylamide,Bis)在加速剂 N,N,N',N'-四甲基乙二胺(N,N,N',N'-ethylenediamine,EMED)和催化剂过硫酸铵(ammonium persulfate,AP,$(NH_4)_2S_2O_8$)或核黄素(riboflavin,$C_{17}H_{20}O_6N_4$)的作用下聚合交联成三维网状结构的凝胶。该凝胶电泳(PAGE)是电泳分离蛋白质的最常用技术。PAGE 根据其有无浓缩效应,分为连续系统和不连续系统两大类。在连续系统中,电泳凝胶不分层,即它的缓冲液 pH 和凝胶浓度是相同的,故称为连续胶。而在不连续系统中,电泳凝胶分为两层:上层胶为低浓度的大孔胶,称为浓缩胶或积层胶,配制此层胶的缓冲液是 Tris-HCl,pH 为 6.8;下胶为高浓度的小孔胶,称为分离胶,配制此层胶的缓冲液是 Tris-HCl,pH 为 8.8。电泳槽中的电泳缓冲液是 Tris-甘氨酸(pH 8.3)。不连续系统中由于缓冲液离子成分、pH、凝胶浓度及电位梯度的不连续性,带电蛋白颗粒在电场中泳动不仅具有电荷效应和分子筛效应,还具有浓缩效应,因而其分离条带清晰度及分辨率均比连续系统好。

三、实验材料与用具

(一)材料

转基因植物的组织;第一抗体(使用前用封闭液稀释 1000 倍);偶联辣根过氧化物酶的第二抗体(使用前用 PBS 液稀释 500 倍)。

（二）仪器和用具

1. 仪器：分子杂交仪、电泳仪、电转移电泳槽、垂直板电泳槽、微波炉、真空干燥机、电动摇床、摄影装置、冷柜等。

2. 用具：移液器及其吸头、杂交袋、NC 膜、滤纸、剪刀、镊子、保鲜膜等。

（三）试剂

1. 植物组织蛋白质提取缓冲液：50mmol/L Tris-HCl,200mmol/L NaCl,5mmol/L EDTA,pH 8.0。

2. 上样缓冲液：将 6g Tris 溶于 50mL 水中，加入 SDS 2g、甘油 20mL、溴酚蓝 0.05g，再加入浓盐酸 4mL，调 pH 至 6.8，加水定容至 100mL，置冰箱保存备用。

3. 凝胶母液：丙烯酰胺 29g 加甲叉双丙烯酰胺，用水溶解后定容至 100mL，过滤后置冰箱中保存备用。

4. 分离胶缓冲液：将 18.5g Tris 溶于 80mL 水中，加浓盐酸 2mL，再调 pH 至 8.8，加水定容至 100L。

5. 浓缩胶缓冲液：将 12.1g Tris 溶于 60mL 水中，加浓盐酸 8mL，再调 pH 至 6.8，加水定容至 100mL。

6. 10×电泳缓冲液：Tris 30g 加甘氨酸 141g 和 SDS 10g，加水定容至 1000mL，调 pH 至 8.3。

7. 电转移缓冲液：含 20％甲醇的 1×电泳缓冲液。

8. 漂洗液（TBST）：在 6mL 分离胶缓冲液中，依次加入 0.2g KCl、1.44g Na_2HPO_4、0.24g KH_2PO_4，用盐酸调 pH 至 8.0，加水定容至 1000mL。

9. 封闭液：含 3％ BSA 的 TBST 溶液。

10. 漂洗液（PBS）：加 NaCl 8g、KCl 0.2g、Na_2HPO_4 1.44g、KH_2PO_4 0.24g，加水定容至 1000mL，用盐酸调 pH 至 7.4。

11. 显色液：将 125mg DAB(3,3-二氨基联苯胺)加入 0.05mmol/L Tris-HCl(pH7.6)250mL，加 1％过氧化氢溶液 1mL。要求配制时避光，现配现用。

12. 考马斯亮蓝染色液：0.25g 考马斯亮蓝 R250，加 500mL 甲醇和 70mL 冰醋酸，加水定容至 1000mL。

13. 脱色液：300mL 甲醇和 70mL 冰醋酸，加水定容至 1000mL。

四、实验步骤

（一）植物组织总可溶蛋白质的提取

1. 取植物叶片或其他组织适量，加入液氮，迅速研磨。

2. 加入冰冷的植物组织蛋白质提取缓冲液（每 1g 组织约加 1mL 提取缓冲液），搅拌混匀。

3. 4℃下 14000r/min 离心 15min，上清液即为总的可溶性蛋白质。

4. 测定蛋白质浓度。

（二）制胶

1. 洗净电泳槽、玻璃板、齿梳、橡胶模框并晾干，戴手套安装好电泳槽。

2. 用电泳缓冲液配 1％琼脂煮溶后倒入下电极槽（正极槽），琼脂凝固后开始灌胶。

3. 灌分离胶:将分离胶溶液(凝胶母液 10mL、分离胶缓冲液 14mL、重蒸水 6mL、10% 过硫酸铵 0.4mL,抽气后加入 TEMED 20μL,混合均匀)倒入凝胶模具内,即两块玻璃板之间,达模具高度 70% 左右,再用 1000μL 移液器在凝胶上沿缓慢加入 1~2mL 分离胶缓冲液。

4. 灌浓缩胶:分离胶凝固后吸去上清,倒入浓缩胶溶液(凝胶母液 2.6mL、浓缩胶缓冲液 3.4mL,重蒸水 13mL、10% 过硫酸铵 0.5mL,抽气后加入 TEMED 25μL,混合均匀),插入齿梳。

5. 当浓缩胶凝固(约需 0.5~1h)后,拔出齿梳,倒入电泳缓冲液,上极(负极)浸没过浓缩胶上沿,下极(正极)浸没过电极丝。

（三）电泳

1. 电泳槽连接电泳仪。

2. 蛋白质样品 50μL 与等量上样缓冲液混合后加样,将样孔分为两组进行相同的点样,每孔加样 20~50μL。

3. 加样完毕后,按 3mA/cm 进行稳流电泳(电泳过程中电压不超过 300V)。

4. 当溴酚蓝泳动到分离胶底部时,结束电泳。

（四）电转移

1. 电泳完毕后,剥下凝胶并分割为两半,一半用于 Western 杂交,一半用于考马斯亮蓝染色(20~30min 后用脱色液脱色)。

2. 剪一片与凝胶大小相同的 NC 膜和 6 片滤纸(不能大于 NC 膜),浸入电转移缓冲液 3~5min。

3. 将 3 片滤纸、凝胶、NC 膜和另 3 片滤纸对齐放在两块海绵垫之间,注意各层之间不留气泡。

4. 用塑料支架板将滤纸、凝胶及 NC 膜夹紧后放入电转移电泳槽,NC 膜对正极,凝胶对负极,接上电源后在 120mA 稳流条件下电泳 6h 以上或过夜。

5. 电泳结束后取出 NC 膜并用铅笔在一角做好标记,放置于另一洁净的滤纸上,室温干燥 30min 以上。

（五）Western 杂交

1. 用 TBST 漂洗液冲洗 NC 膜,将两块 NC 膜放入杂交瓶(蛋白质印迹面紧贴瓶壁),加入封闭液 10mL,室温下转动杂交瓶 2h。

2. 将 NC 膜放入小塑料袋中,加入用封闭液稀释 1000 倍的第一抗体($0.1mL/cm^2$ NC 膜),排气后于 4℃下缓慢振荡 2h。

3. 取 NC 膜用 PBS 漂洗液冲洗 3 次各 10min(可在杂交仪上进行),再转移至 TBST 漂洗液中室温下轻轻振荡 10min。

4. 将 NC 膜取出,放入另一塑料袋中,加入用 PBS 液稀释 500 倍的第二抗体($0.1mL/cm^2$ NC 膜),排气后于 4℃下缓慢振荡 1h。

5. 取出 NC 膜,用 TBST 漂洗 3 次各 10min(可在杂交仪上进行)后将 NC 膜放入显色液中,室温下避光轻轻振荡 15min,用重蒸水洗涤 NC 膜后转入 PBS 漂洗液中,应尽快拍照记录以免退色。

五、注意事项

1. 未聚合的丙烯酰胺具有神经毒性,操作时应该戴手套防护。齿梳插入浓缩胶时,应确保没有气泡;齿梳拔出来时应该小心,不要破坏加样孔。

2. 在整个操作过程中手不要接触 NC 膜,并认清 NC 膜上印迹面以防膜转移出错。显色反应尽量避光或暗中进行,不要超过 20min,以免背景色太深而影响拍照。

3. 第一抗体和第二抗体的稀释倍数、作用时间和温度条件对不同的蛋白质有所差异,要经过预实验确定最佳条件。通常第一抗体的稀释倍数在 100～5000 倍之间,第二抗体的稀释倍数在 200～2000 倍之间。

4. 显色液必须新鲜配制,最好现配现用,最后才加入 H_2O_2。DAB 有致癌的潜在可能,操作时要小心,不要直接接触。

5. Western 杂交的灵敏度取决于封闭可能结合非相关蛋白的位点以降低非特异性结合背景的效果。现已设计的封闭液有多种,可以选用市售的封闭剂,也可以选用下列封闭剂:①10mmol/L Tris-HCl(pH7.5),150mmol/L NaCl,1%～5% BSA;② 2% 脱脂奶粉;③10mmol/L Tris-HCl(pH7.5),150mmol/L NaCl,1% 酪蛋白;④ 10mmol/L Tris-HCl(pH7.5),150mmol/L NaCl,0.05%吐温-20。以上所推荐的封闭剂可获得最佳实验效果,尤其是在使用 PVDF 膜时。

6. Western 印迹膜的检测分两步进行:首先将靶蛋白特异性的非标记抗体(一抗)加入封闭液中与滤膜一同温育,经洗涤后,再将滤膜与标记的二抗一同温育;进一步洗涤后,通过放射自显影或原位酶反应来确定抗原-抗体-抗体在滤膜上的位置。常用于标记二抗的酶有碱性磷酸酶和辣根过氧化物酶。经免疫反应固定的碱性磷酸酶可催化底物 5-溴-4-氯-3-吲哚磷酸/氮蓝四唑(BCIP/NBT)在原位转变为深蓝色化合物。免疫偶联的辣根过氧化物酶最敏感的底物是 3,3′-二氨基联苯胺,它在过氧化酶所在部位会转变成棕色沉淀,在钴离子或镍离子存在下进行反应可以加深沉淀的颜色并提高反应的灵敏度。但是,使用辣根过氧化物酶不可能完全排除背景颜色,因此须十分小心地观察生色反应,一旦特异性染色蛋白条带清晰可见,就应尽快终止生色反应并拍照,过氧化物酶染色的蛋白带经日光照射数小时后将褪去颜色。

六、实验报告及思考题

1. Western 杂交、Northern 杂交和 Southern 杂交,在检测目标分子和操作技术上各有何异同?

2. Western 杂交中的抗原、第一抗体和第二抗体各指什么物质? 最后在 NC 膜上被看到的条带是如何显现出来的?

第三部分　植物分子标记技术

遗传标记(genetic markers)是在染色体上位置已知的一种基因或 DNA 序列,可被用于鉴定单个生物或物种的遗传变异。位于基因附近的一段 DNA 序列(即紧密连锁)可被认为是该基因的标签或标记,这样的标记并不影响与其他基因的表达,因为它们仅位于控制性状的基因附近或与该基因连锁,所有的遗传标记均占据染色体内特定的基因组位置,称为位点(locus,loci)。

遗传标记主要有 3 类:形态标记(morphological makers)、生化标记(biochemical markers)和 DNA 标记(DNA markers)。形态标记常常是可见的表型性状,如花色、粒形和叶形等。生化标记,如同工酶(催化相同反应而分子结构不同的酶)标记,可通过电泳以及特殊的染色而检测。形态标记和生化标记主要的不足是数量上的限制,受环境因素或植物发育阶段的影响。我们在本书中重点介绍 DNA 标记。

DNA 标记是指符合孟德尔遗传规律的可定位于染色体上的特异 DNA 序列。它与形态标记和生化标记不同,DNA 标记在数量上是巨大的,不受环境因素以及植物发育阶段的影响。它们源于不同类型的 DNA 突变,如置换突变(点突变)、重排(插入或缺失)或串联重复突变。其检测方法有很多,但大致可分为 3 类:①基于杂交的标记;②基于聚合酶链反应(PCR)的标记;③基于 DNA 序列的标记。其中,基于 PCR 的标记最为常用。为此,我们将分 5 个实验重点介绍基于 PCR 的标记及其应用,包括:随机扩增多态性 DNA(RAPD)标记、扩增片段长度多态性(AFLP)标记、简单重复序列(SSR)标记、DNA 分子标记连锁图谱的构建和数量性状位点(QTL)定位。

实验三十　随机扩增多态性 DNA(RAPD)标记

一、实验目的

通过学习随机扩增多态性 DNA(randomly amplified polymorphic DNA,RAPD)的原理和操作过程,掌握用 RAPD 标记分析植物遗传多态性的方法。

二、实验原理

RAPD 是一种建立于 PCR 技术基础上的分子标记技术,常称为 RAPD 标记。该技术可在 DNA 水平上直接反映出生物的多样性,是以不同植物材料(品种)基因组 DNA 为 PCR 扩增的模板,在 10 聚体随机引物的引导下扩增出不同植物材料的 DNA 片段,通过电泳分离在凝胶上显现出不同条带——DNA 序列多态性。不过,RPAD 的 PCR 扩增,与普通的 PCR 扩增比较,主要存在 3 点不同,即 RAPD 只需一个引物、引物长度很短(10bp)和引物碱基顺序是随机的,因而 RAPD 可以在被检对象无任何分子生物学资料的情况下进行基因组 DNA 的多态性分析。单引物扩增是通过一个引物在两条 DNA 互补链上随机配对来实现的,如图 3-1 所示,A 和 B 两个品种在基因组 DNA 分子内存在或长或短的被间隔开的重复序列,如果这些重复序列正好与引物序列互补,就会形成引物与模板 DNA 结合(图 3-1 的箭头处),但 B 品种 DNA 在 2 位点比 A 品种缺少一个引物配对(图 3-1 的×处),导致 PCR 扩增产物在电泳图谱上比 A 品种少一个 2 位点的片段,从而显示出 A 与 B 品种间在 RAPD 标记上的多态性。

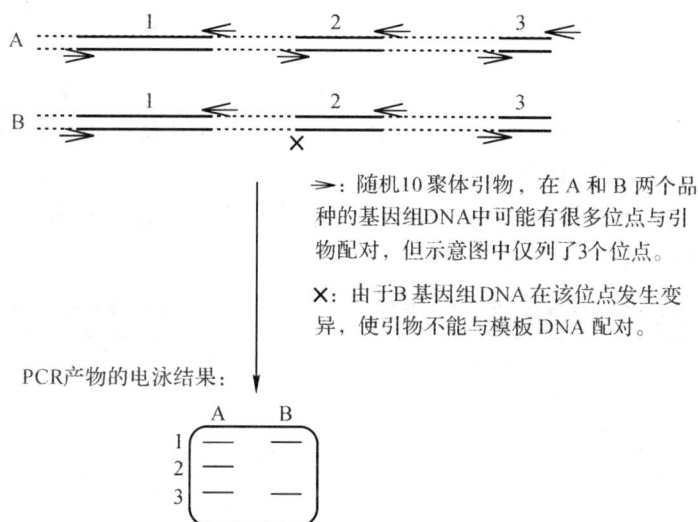

图 3-1　两个品种(A 和 B)在 RAPD 标记上的差异

电泳结束后,不同泳道间可看到两种带:共有带与特征带。共有带是指所有泳道都具有的带;特征带是指某一特定的泳道有而别的泳道无的带。例如,抗病品种有带,感病品种无带,那么该带即为抗病品种的特征带。而这一特征带可作为抗病性状的分子标记(RAPD 标记)。

如果电泳的不只两个样品的 PCR 产物(DNA 片段),而是很多样品(如很多种质材料)的 PCR 产物,就可统计出很多共有带和特征带,然后就可计算出存在于不同样品间(类群间或类群内不同个体间)的多态性——特征带数占总带数的百分率。一般在高等植物种间的多态性小于 70%,但种内不同亚种间或不同品种间的多态性一般较低。因此,在对不同植物材料进行 RAPD-PCR 分析时,不是每个引物都能扩增出多态性,需要从很多引物(通常数百个)中筛选出能显示出多态性的引物,即所谓的引物筛选。筛选出这种引物的频率,往往与植物材料间的遗传差异程度相关,差异越大,频率越高。

三、实验材料与用具

1. 材料:亲缘关系较远的种质材料。

2. 仪器和用具:PCR 扩增仪、微量移液器、台式离心机、旋涡混合器、琼脂糖凝胶电泳系统、PCR 管、1.5mL 离心管等。

3. 试剂：20μmol/L 随机 10 聚体引物、5U/μL Taq DNA 聚合酶、10×PCR 缓冲液（100mmol/L Tris-HCl，pH8.3；500mmol/L KCl；0.1% Triton X-100）、25mmol/L MgCl$_2$、dNTP 溶液（各 2.5mmol/L）、琼脂糖凝胶电泳相关试剂（参见实验十一相关内容）。

四、实验步骤

（一）DNA 提取及其纯度和浓度检测

分别提取种质资源材料的 DNA，为统计材料间的多态性，提取的 DNA 样品不能太少，一般以 20 个以上为宜。提取及其纯度和浓度检测的方法可参考实验十一的相关内容，在此不再赘述。

（二）PCR 扩增

1. 反应液的配制

为适应多样品 DNA 和多引物的 PCR，以及减少各次 PCR 反应间的误差，配 100 次 PCR 反应混合液。每次（管）反应体积为 20μL。

（1）在冰上配制针对不同 DNA 的 100 次 PCR 反应混合液，配方见表 3-1。或者制备含不同引物的 100 次 PCR 反应混合液，配方见表 3-2。

表 3-1　不同 DNA 的 PCR 反应(100 次)混合液的配方	
水	1355μL
10×PCR 缓冲液	200μL
25mmol/L MgCl$_2$	120μL
dNTP 溶液(各 2.5mmol/L)	200μL
20μmol/L 随机引物	20μL
5U/μL Taq DNA 聚合酶	5μL
终体积	1900μL
DNA(10~100ng)	每管 1μL

表 3-2　不同引物的 PCR 反应(100 次)混合液的配方	
DNA(10~100ng)	100μL
水	1355μL
10×PCR 缓冲液	200μL
25mmol/L MgCl$_2$	120μL
dNTP 溶液(各 2.5mmol/L)	200μL
5U/μL Taq DNA 聚合酶	5μL
终体积	1980μL
随机引物(20μmol/L)	每管 0.2μL

（2）将上述反应混合液等量分装到每个反应管中。

（3）加入 DNA 或引物。

（4）每个管中加入两滴矿物油。

（5）盖上小管盖子，放到 PCR 仪上，进行 PCR 反应。

2. PCR 反应

第一步，94℃，300s。

第二步，94℃，60s；36℃，60s；72℃，90s。45 个循环。

第三步，72℃，300s。

PCR 产物：PCR 扩增后立即电泳或者于 4℃ 保存备用。

3. PCR 产物电泳

（1）用 1×TBE 或者 TAE 缓冲液配制 1.5%~2%（质量浓度）的琼脂糖凝胶。

（2）PCR 扩增结束后，在每个样品中加入 4μL 上样缓冲液。

（3）每个泳道上样 20μL，选择合适的相对分子质量标记（如 λDNA/HindⅢ Marker）。

(4)适当长时间的电泳(对 20cm×25cm 凝胶用 150V,约 3h)。

(5)将凝胶浸于 1μg/mL 溴化乙锭溶液中染色 30～60min。

(6)用水清洗凝胶(约 10min)。

(7)在紫外线透射仪上观察,拍照。

4. 多态性分析

电泳结束后,统计出共有带和特征带,用以下公式计算出不同样品间的多态性:

$$多态性(\%)=(总带数-共有带数)/总带数×100$$

五、注意事项

1. RAPD 标记通常呈显性遗传,在进行遗传分析时区别纯合子和杂合子会有难度。

2. 在 RAPD-PCR 扩增时,因为所用引物只有一个,且很短,有时会使实验结果不能重复,结果可靠性较低。不过,能否重复也取决于实验条件,细致工作可以提高重复的可能性。

3. RAPD 标记的使用效果常随生物种类而变化。在细菌中,因其是单倍体又是无性繁殖,RAPD 标记技术很有用。

六、实验报告及思考题

1. 根据实验结果,统计种质资源的多态性。

2. 与普通 PCR 比较,RAPD-PCR 扩增 DNA 片段有何特点?

3. 为提高 RAPD-PCR 扩增结果的可靠性,应注意哪些实验条件?

实验三十一　扩增片段长度多态性(AFLP)标记

一、实验目的

通过学习扩增片段长度多态性(amplified fragment length polymorphism，AFLP)的分析原理，掌握用 AFLP 标记法构建植物品种 DNA 指纹图谱的方法。

二、实验原理

扩增片段长度多态性(AFLP)标记，是一种 RFLP(restriction fragment length polymorphism)与 PCR 技术相结合的 DNA 分子标记。其基本原理是利用限制性内切酶切割基因组 DNA 产生不同长度片段，并通过选择性扩增来检测 DNA 的多态性。其基本步骤是：首先用能产生黏性末端的限制性内切酶对基因组 DNA 进行酶切，然后在所有的限制性片段两端加上带有特定序列的"接头"(adapter)，用与接头互补的且 3′端有几个随机选择的核苷酸的引物进行特异 PCR 扩增，只有那些与 3′端严格配对的片段才能得到扩增，即选择特定的片段进行 PCR 扩增，再利用高分辨力的测序胶分开这些扩增产物(图 3-2)，扩增产物可用聚丙烯酰胺凝胶电泳分离并通过放射性方法、荧光法或银染法检测。AFLP 揭示的 DNA 多态性是酶切位点和其后的选择性碱基的变异。它具有稳定性好、多态性丰富、灵敏度高、快速高效等优点，广泛应用于作物新品种 DNA 指纹图谱的构建。

棉花属常异花受粉作物，存在着易导致生物学混杂和品种保纯较难的问题，需要一种准确、快速的技术来鉴定品种的纯度。本实验将应用 AFLP 标记技术，通过构建棉花不同品种(系)DNA 的指纹图谱，来鉴定棉花品种的纯度。

三、实验材料与用具

（一）材料

棉花种子样本 2 个：A 和 B。其中，A 为原原种，纯度很高，由育种家提供，作为对照；B 为 A 在生产上已繁殖了 3 年的第 3 代种子，需要纯度检测的种子。

（二）仪器和用具

(1)仪器：PCR 扩增仪、台式离心机、旋涡混合器、琼脂糖凝胶电泳系统、摇床、托盘等。

(2)用具：微量移液器、PCR 管、1.5mL 离心管等。

（三）试剂

1. AFLP 试剂

(1)限制性片段的产生：$10\times R^+$ buffer、$EcoR$ I (10U/μL)、Mse I (10U/μL)。

(2)限制性片段与接头的连接：T_4 连接酶(10U/μL)、$EcoR$ I 接头液、Mse I 接头液、$10\times R^+$ buffer、ATP(10mmol/L)。

(3)预扩增反应：$10\times$PCR buffer(含 Mg^{2+})、$EcoR$ I 预扩增引物(30ng/μL)、Mse I 预扩增引物(30ng/μL)、Taq 酶(2U/μL)、dNTPs(10mmol/L)。

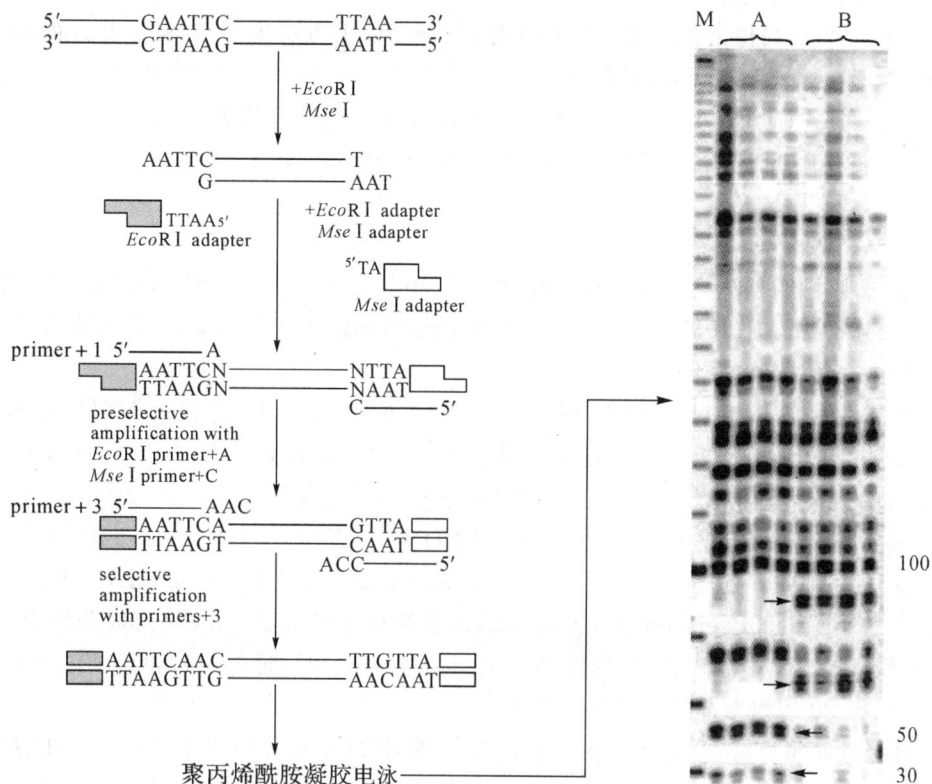

图 3-2　扩增片段长度多态性(AFLP)标记

左图:AFLP 操作步骤;

右图:A、B 两个棉花品种 DNA 的 AFLP 指纹(箭头示差异),M 为标准分子量。

(4)选择性扩增反应:10×PCR buffer、EcoR Ⅰ 选择性扩增引物、Mse Ⅰ 选择性扩增引物、dNTPs(10mmol/L)、Taq 酶(2U/μL)。

2.聚丙烯酰胺凝胶电泳相关试剂

(1)玻璃板处理:硅化液(5％硅烷的氯仿溶液)和反硅化液(按无水乙醇：10％乙酸：反硅化剂＝1000：250：3 的比例配制)。

(2)聚丙烯酰胺凝胶:丙烯酰胺、TBE 缓冲液、尿素、TEMED、过硫酸铵。

(3)上样缓冲液(98％甲酰胺,10mmol/L EDTA,0.25％溴酚蓝,0.25％二甲苯氰)。

3.银染显色

(1)染色液(2g $AgNO_3$ 和 3mL 37％甲醛溶于 2L 蒸馏水中)。

(2)显色液(60g Na_2CO_3 溶于 2L 蒸馏水中,用前加入 3mL 37％甲醛和 400μL 10mg/mL $Na_2S_2O_3$)。

(3)固定液(10％乙酸溶液)。

四、实验步骤

(一)植物 DNA 提取

1.种子发芽:各取 A(原原种)和 B(待测种)种子各 100 粒,经灭菌处理后播于蒸汽灭菌过的含足够水分的石英砂中,在 25℃条件下发芽。

2. DNA 提取:当棉苗长出第一片真叶时,分别按以下方法提取 A 和 B 叶片的 DNA(提取方法可参考实验十一的相关内容)。

(1)原原种(A)的 DNA:1 个样品(CK),由 10 株叶片混合后提取。

(2)待测种(B)的 DNA:随机取 20 株,按单株分别提取 DNA,共获 20 个样品,编号(B-1~B-20)。

(二)AFLP 操作

1. 限制性片段的产生:在 0.2mL 的 PCR 管中加入 $10\times R^+$ buffer 2.5μL、EcoR I(10 U/μL)0.25μL、Mse I(10U/μL)0.25μL、DNA 约 250ng,加水至 25μL。充分混匀后简单离心,37℃温浴 5h。

2. 限制性片段与接头的连接:加入 5μL 反应液[0.2μL T₄ 连接酶(10U/μL),0.5μL EcoR I 接头液,0.5μL Mse I 接头液,0.5μL $10\times R^+$ buffer,3μL ATP(10mmol/L),水 0.3μL],充分混匀后简单离心,22℃连接 2h(或过夜)。

3. 预扩增反应:在 PCR 管中,加入连接的 DNA 样品 2μL,$10\times$PCR buffer(含 Mg^{2+})2.0μL、EcoR I 预扩增引物(30ng/μL)1.0μL、Mse I 预扩增引物(30ng/μL)1.0μL、Taq 酶(2U/μL)0.5μL、dNTPs(10mmol/L)0.4μL,加水至总体积 20μL。PCR 反应条件为:94℃预变性 30s 后,进入 30 个循环,94℃变性 30s,56℃复性 60s,72℃延伸 60s,最后 4℃保存。预扩增反应物稀释 20 倍作为选择性扩增的模板。

4. 选择性扩增反应:反应体积为 10μL,在 PCR 中加入 $10\times$PCR buffer 1.0μL、EcoR I 选择性扩增引物 0.5μL、Mse I 选择性扩增引物 0.5μL、dNTPs(10mmol/L)0.2μL、Taq 酶(2U/μL)0.25μL、DNA 模板(1:20 预扩增反应物)2.5μL,加水至 10μL。充分混匀后简单离心收集。PCR 反应分三轮,第一轮反应:94℃变性 30s,65℃复性 30s,72℃延伸 60s;第二轮反应:94℃变性 30s,65℃复性 30s,72℃延伸 60s,共 13 个循环,每一个循环复性温度降 0.7℃;第三轮反应:94℃变性 30s,56℃复性 30s,72℃延伸 60s,共 30 个循环,最后 4℃保存。

5. 反应产物的变性处理:在 10μL 反应产物中加入 5μL 上样缓冲液[98%甲酰胺,10mmol/L EDTA(pH=8.0),0.25%溴酚蓝,0.25%二甲苯氰],95℃变性处理 5min 后,立即置于冰上冷却。

按上述方法,共获 21 个 AFLP-PCR 产物,供下一步聚丙烯酰胺凝胶电泳。

(三)聚丙烯酰胺凝胶(测序胶)电泳

1. 玻璃板处理:用水洗净外层胶板和内层胶板,洗干净后晾干或用纸擦干,将内外层胶板置于通风橱中;在内层胶板的中央滴几滴硅化液(5%硅烷的氯仿溶液),用脱脂棉吸附硅化液并在胶板上均匀涂布;在外层板的中央滴几滴反硅化液(按无水乙醇:10%乙酸:反硅化剂=1000:250:3 的比例配制),并用脱脂棉在胶板上均匀涂布。

2. 灌胶:将两片 0.4mm 的间隔片放置于内层胶板的两侧,安装外层胶板与内层胶板以及间隔片对齐,用夹子对称地夹住。取 90mL 6%聚丙烯酰胺溶液(其中含有 6%丙烯酰胺,1×TBE 缓冲液,7mol/L 尿素),加入 100μL TEMED 和 200μL 20%过硫酸铵,混匀后灌胶,聚合 2h 后即可用于电泳。

3. 电泳:待胶凝聚后,将玻璃板安装在电泳槽的基座上,将鲨鱼齿梳子拔出后正向插入,在电泳槽中加入足量的 1×TBE 缓冲液,1500V 恒压电泳 30min。预电泳完毕后,每份样品取

$3\mu L$ 点样,电泳时间可自行控制。当溴酚蓝或二甲苯氰指示剂移至胶底部 2/3 处时,终止电泳。

(四)银染显色

1. 固定:电泳结束后,将带胶的玻璃板放到托盘Ⅰ中,加入 2L 固定液(10%乙酸溶液),在摇床上摇动 30min。固定液可回收利用3~4次。

2. 洗胶:在托盘Ⅱ中用 2L 蒸馏水漂洗凝胶 2 次,每次 2min,洗完后竖直玻璃板让水自然滴尽。

3. 染色:在托盘Ⅲ中加入 2L 染色液(2g $AgNO_3$ 和 3mL 37%甲醛溶于 2L 蒸馏水中),将胶板放入,在摇床上摇动 30min。染色液只能用一次,用毕后倒掉,并用蒸馏水冲洗托盘Ⅲ备用。

4. 洗胶:在托盘Ⅲ中加入约 2L 蒸馏水,将胶板浸在水中漂洗 5s 左右,立即取出,滴干水,进行下一步的显色处理。

5. 显色:将胶板放入已事先准备好的盛有 2L 预冷显色液(60g Na_2CO_3 溶于 2L 蒸馏水中,用前加入 3mL 37%甲醛和 $400\mu L$ 10mg/mL $Na_2S_2O_3$)的托盘Ⅱ中,轻摇显色液,直至所有条带都出现时,停止显色,在胶板上冲淋适量 10%乙酸溶液以终止显色反应。

6. 洗胶:在托盘Ⅲ中用蒸馏水冲洗胶板 2min。

7. 干燥:在室温下自然晾干。干燥后即可用来拍照和分析。

(五)品种纯度测定

1. 设:原原种(A)的 DNA 指纹为"标准指纹",其他为"非标准指纹"。

2. 在待测种(B)的单株(本实验为 20 株)中,统计出"标准指纹"的单株数和"非标准指纹"的单株数。

3. 按下列公式计算待测种纯度。假如,图 3-3 是实验结果,从图中可看出在待测种(B)的 20 株棉花中只有 B-13 显示"非标准指纹",表明其纯度为 95%。

待测种纯度(%)=[标准指纹单株数/(标准指纹单株数+非标准指纹单株数)]×100

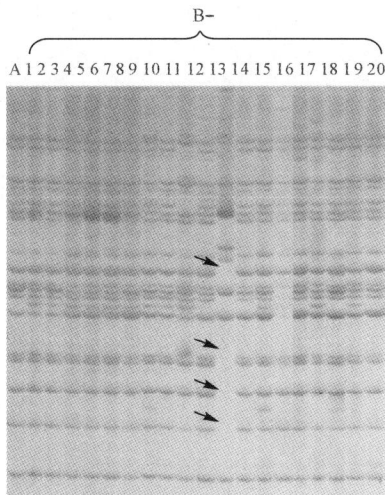

图 3-3　棉花 2 个品种 DNA 的 AFLP 指纹

A:原原种的指纹;B-1 至 B-20:20 个单株的指纹,
其中 13 号单株的指纹与其他单株明显不同,表明为杂株。

五、注意事项

1. 同位素标记可用于 AFLP 分析,而且它比本实验所用的银染法更敏感,显带更丰富,不妨采用。但在操作过程中,要做好特殊的防护措施。

2. 在 AFLP-PCR 扩增 DNA 片段时,若操作不仔细,会有假阳性结果和假阴性结果出现。

3. 用银染法对测序胶中的 DNA 进行染色时,显色和停止显色的时间要适当,否则凝胶背景会较深。

六、实验报告及思考题

1. 根据实验结果,估计待测品种的纯度。

2. AFLP 标记,与 RAPD 标记比较,有何特点?

3. 在 AFLP 标记中,为什么要做两次扩增(预扩增和选择性扩增)?

实验三十二　简单重复序列(SSR)标记

一、实验目的

通过学习简单重复序列(simple sequence repeat,SSR)的概念,掌握 SSR 标记植物性状的原理和方法。

二、实验原理

植物基因组含有大量的重复序列,包括分散重复序列和串联重复序列。在串联重复序列中有一种称为简单重复序列(SSR)的序列,是一类由 2~6 个碱基组成的基序(motif)串联重复而成的 DNA 序列,也称微卫星 DNA,它们广泛分布于各类真核生物的基因组中。例如,$(AC)_n$、$(AAG)_n$、$(GATA)_n$ 就是由 2、3、4 个碱基组成的基序经"n 次"重复而成的简单重复序列(SSR)。不同植物或同一种植物不同基因型的 SSR 长度因基序串联重复次数(n)的不同而存在丰富的差异。

SSR 标记的基本原理见图 3-4 所示。由于基因组中 SSR 两侧序列通常都是保守性较强的单一序列,因而可以将其侧翼的 DNA 片段克隆和测序,然后根据测序结果设计、合成一对引物,用该对引物进行 PCR 反应便可扩增出 SSR 片段。如果 P_1 和 P_2 两个不同基因组,由于 SSR 长度(基序重复数 n)不同,便能扩增出不同长度的 PCR 产物,将扩增产物进行琼脂糖或聚丙烯酰胺凝胶电泳,就可显示出 P_1 和 P_2 间在扩增片段长度上的差异,如图 3-4 中的 P_1 具有 200bp 片段的标记,P_2 具有 180bp 片段的标记。

SSR 标记在遗传上为共显性标记(codominant marker)。仍以图 3-4 为例,如果 P_1 和 P_2 杂交,其 F_1 的带型是 P_1 和 P_2 的共显性带型,而且在 F_2 群体中各个体的带型也能出现 P_1、P_2 和 F_1 三种带型,这种带型从亲代传至子代的方式被称为共显性,且符合孟德尔式的遗传规律,从而使我们能对遗传性状(基因)进行 SSR 标记。如果在 F_2 群体中各个体的带型(标记)与某性状呈现共分离(cosegregation)现象,即表明该性状与该标记存在连锁关系。换言之,该 SSR(带型)标记了该性状。本实验以两个棉花杂交亲本(P_1、P_2)通过杂交产生的 F_1 及其自交产生的 F_2 群体为材料,对棉花细胞质雄性不育(CMS)的恢复基因(R)进行 SSR 标记。

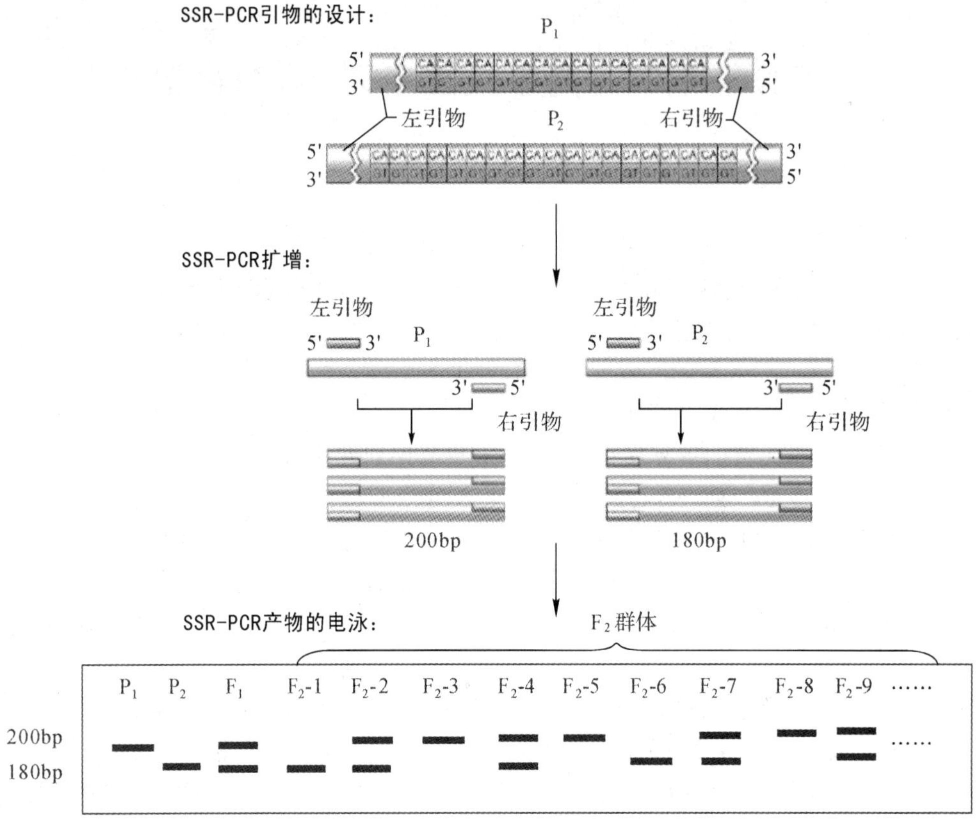

图 3-4　SSR 标记的示意图

三、实验材料与用具

（一）材料

(1)植物：棉花 P_1、P_2、F_1 和 F_2 植株。其中：P_1 为 CMS 不育系（基因型 rr，不育），P_2 为恢复系（基因型 RR，可育），F_1（基因型 Rr，可育），F_2 植株（不少于 100 株）出现育性分离且符合可育与不育为 3∶1 的分离比例。

(2)SSR 引物：引物序列信息可从相关网站或相关文献获得，然后人工合成约 100 对 SSR 引物。

（二）仪器和用具

(1)仪器：PCR 扩增仪、台式离心机、旋涡混合器、琼脂糖凝胶电泳系统等。

(2)用具：微量移液器、PCR 管、1.5mL 离心管等。

（三）试剂

(1)PCR 试剂盒：购自相关生物公司。

(2)琼脂糖凝胶电泳相关试剂（参见实验十一相关内容）。

四、实验步骤

(一)棉花种植、育性鉴定和 DNA 提取

1. 棉花种植:在 4 月下旬,将 P_1、P_2、F_1 和 F_2 种子播于田间。其中,P_1、P_2 和 F_1 播一行,每行约 10～20 株;F_2 播 10 行,构成一个不少于 100 株的 F_2 群体。

2. 花粉育性鉴定:在棉花开花期(7 月中旬),观察 P_1、P_2、F_1 和 F_2 每株植株上的花朵,以鉴别雄性不育与可育。P_1 植株为不育系,花朵中的花药呈干瘪、瘦小、无花粉;P_2 植株为恢复系,花朵中的花药呈饱满、壮大、有花粉;F_1 植株为杂种,花朵中的花药与 P_2 相似,为可育;F_2 是一个育性分离的群体,其中约 3/4 的植株为雄性可育,1/4 的植株为雄性不育,可育与不育符合 3:1 的分离比例。

3. DNA 提取:分别提取 P_1、P_2、F_1 和 F_2 植株的 DNA,其中 P_1、P_2、F_1 各提 1 个样品的 DNA,F_2 群体中的每株各提 1 个样品的 DNA,若 F_2 有 100 株,则共有 103 个样品。DNA 提取及其纯度和浓度检测的方法可参考实验十一相关内容。

(二)SSR-PCR 扩增

1. SSR 引物的合成

(1)通过查阅相关文献获得引物序列信息。对于棉花,可从美国农业研究服务部的网页(http://journal.cotton.org/2001/issue02/html/page113_app01.html)中获得。

(2)获得引物信息后,人工合成 SSR 引物,也可委托生物公司合成。

2. SSR-PCR 反应

(1)取 PCR 管 103 支,编号可按图 3-5 所示的 P_1、P_2、F_1、F_2-1、F_2-2、…、F_2-100 方式。

(2)在每管中,加入 PCR 反应液的各成分(注:其中的模板 DNA 随后加):2μL 10 × PCR buffer,1μL 左引物(30ng/μL),1μL 右引物(30ng/μL),0.4μL dNTPs(10mmol/L),0.5μL Taq 酶(2U/μL)。

(3)向每管加入 1μL 模板 DNA(约 50ng),即分别加入 P_1、P_2、F_1 和 F_2 植株 DNA 模板,再向每管加水至 20μL(反应液终体积),混匀。

(4)将 103 个 PCR 管置 PCR 仪中进行扩增。

(5)PCR 反应,94℃预变性 1min 后进入 35 个循环,94℃变性 45s,55℃退火 45s,72℃延伸 1min 30s;35 个循环结束后 72℃延伸 8min,最后 4℃保存。

(6)PCR 反应结束后,在 20μL SSR-PCR 产物中加入 5μL 加样缓冲液(0.25%溴酚蓝-40%蔗糖水溶液)混匀,简单离心后进行琼脂糖凝胶电泳。电泳的具体操作参见实验十一相关内容。

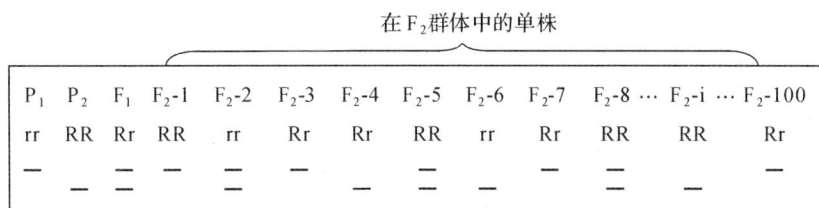

图 3-5　在 F_2 群体中各单株 DNA 电泳带型与育性出现随机分离的现象(示意图)
注:rr 为不育基因型,RR 为可育纯合基因型,Rr 为可育杂合基因型。

3. 对恢复基因进行 SSR 标记

(1)对第 1 对 SSR 引物的 PCR 产物的电泳结果,经拍照和记载后进行分析。如果发现如图 3-5 所示的情形,表明该引物的 SSR 不能标记恢复基因(R),因为各单株所显示的带型不能与其育性一一对应,没有出现共分离现象,即该 SSR 标记不与恢复基因连锁,需换用其他 SSR 引物继续进行 PCR,以寻找与育性相关的引物,即所谓"引物筛选"。

(2)用第 2 对 SSR 引物进行 PCR 扩增和电泳,若仍未出现共分离现象,继续寻找。

(3)用第 3 对 SSR 引物进行 PCR 扩增和电泳,若还未出现共分离现象,继续寻找,直至用第 i 对引物出现如图 3-6 所示的共分离现象,便找到了育性与带型(标记)连锁的引物。其中,"一"带型是纯合的不育单株(rr),"＿"带型是纯合的可育单株(RR),"—"带型是杂合的可育单株(Rr),从而育性恢复基因得到了该引物下的 SSR 标记。

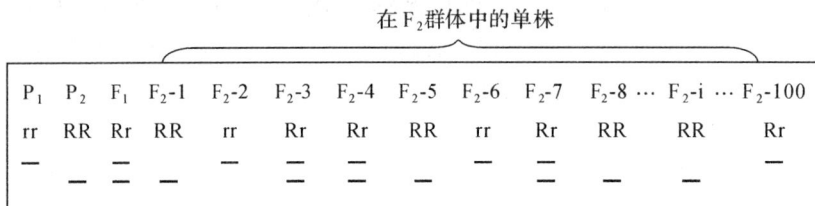

在 F_2 群体中的单株

P_1	P_2	F_1	F_2-1	F_2-2	F_2-3	F_2-4	F_2-5	F_2-6	F_2-7	F_2-8	⋯	F_2-i	⋯	F_2-100
rr	RR	Rr	RR	rr	Rr	Rr	RR	rr	Rr	RR		RR		Rr
一	＿	三	＿	一	三	三	＿	一	三	＿		＿		三

图 3-6　在 F_2 群体中各单株的 DNA 电泳带型与育性出现共分离的现象(示意图)

注:rr 为不育基因型,RR 为可育纯合基因型,Rr 为可育杂合基因型。

4. SSR 标记间的连锁分析

随着 SSR-PCR 扩增所用不同引物数的增加,不但可发现 SSR 标记与育性的连锁(共分离)现象,而且还可发现 SSR 标记之间的连锁(共分离)现象。分析数据的增多,我们需要借助计算机软件(如 Mapmaker 3)对分子标记间的连锁关系进行分析,即所谓的分子标记连锁图的构建(参见实验三十三)。

五、注意事项

1. 对植物性状进行 DNA 分子标记工作量较大,特别当杂交亲本间的基因组差异不大的情形,需要用很多的引物进行 PCR 和电泳,以筛选出具有共分离现象的引物。显然,实验所需的模板 DNA 量也随之增多,尤其是 F_2 群体中的单株 DNA,应尽可能多提一些。

2. SSR 标记的关键是引物筛选,大量的引物是对多个性状(基因)进行标记的物质基础。但是 SSR 引物来源至今还不广,除了主要农作物和模式植物外,大多数植物的 SSR 引物还需进一步开发。不过,我们可以根据植物基因组间的同源性关系,互相利用 SSR 引物,例如,借用似南芥的 SSR 引物来做其他双子叶植物的 SSR 标记,也是有可能的。

六、实验报告及思考题

1. 分别与 RAPD 标记和 AFLP 标记比较,SSR 标记有何特点?

2. 如何理解性状与 DNA 分子标记间的共分离现象?共分离与连锁在概念上有何关联?

实验三十三 DNA 分子标记连锁图谱的构建

一、实验目的

通过 MAPMAKER/EXP(3.0b)软件在遗传作图中的应用操作，掌握 DNA 分子标记连锁图谱的构建方法。

二、实验原理

DNA 分子标记是指符合孟德尔遗传规律的可定位于染色体上的特异 DNA 序列。而分子标记连锁图谱是指通过遗传重组分析得到的分子标记（或遗传标记）在染色体上的线性排列图，标记间的距离通常用遗传重组值来表示。

构建分子标记遗传图的原理是与构建经典的基因遗传图一样的，其理论基础是染色体的交换与重组。在减数分裂时，非同源染色体上的基因（DNA 片段）或分子标记自由组合，而位于同源染色体上的基因或标记由于在减数分裂前期Ⅰ非姐妹染色单体间的交换而导致基因或标记间的重组。重组型所占的比例与基因（标记）间的距离成高度正相关。由此，重组类型配子出现频率（即重组率）就可用来表示基因或标记间的遗传距离，其图距单位用厘摩（centi-Morgan，cM）表示。一个 cM 大小相当于 1‰的重组率。

DNA 分子标记连锁图谱的构建，一般包括 5 个环节：

(1)选择适合作图的 DNA 分子标记，如 RFLP、SSR、AFLP 等；

(2)选用两个遗传多态性丰富的亲本，P_1 和 P_2；

(3)构建一个作图群体，这个群体是一个标记分离的群体，是由 P_1 和 P_2 杂交获得的 F_1 再经自交或回交等而获得，即具有大量分子标记处于分离状态的分离群体或衍生系，如 F_2、RIL(重组自交系)、DH(加倍单倍体)等群体；

(4)对群体中不同个体（或系）的 DNA 多态性进行电泳分析；

(5)借助计算机程序建立标记之间的连锁。

本实验采用 SSR(简单重复序列)标记、F_2 作图群体和 MAPMAKER/EXP(3.0b)软件来进行 DNA 分子标记连锁图谱的构建。

三、实验材料与用具

1. 材料：作图植物群体为 P_1、P_2、F_1 和 F_2。

2. 分子标记：SSR 标记所需材料、试剂和用具（参见实验三十二）。

3. 用具：台式计算机或笔记本电脑。

4. 作图软件：MAPMAKER/EXP(3.0b)。

四、实验步骤

（一）选择适合作图的 DNA 分子标记

适合作图的分子标记，通常要求为共显性标记，使它在作图群体中能分离出杂合型电泳带型。例如，SSR 标记为共显性，在 F_2 群体中它的理论分离比例为 $1:2:1$，符合孟德尔遗传律，适合 DNA 分子标记的连锁图谱构建。

（二）选用两个遗传多态性丰富的亲本

选择适当的两个亲本是获得良好作图群体的基础，这直接关系到遗传图谱构建的难易程度、图谱的准确性和适用性。以 SSR 标记为例，一般是用 SSR-PCR 法从很多种质资源中筛选出遗传差异很明显的两个亲本，为作图群体呈高的 SSR 多态性奠定基础；但亲本间的差异也不宜过大，否则会使后代（作图群体）的分离比例偏离孟德尔式分离比例，降低所建图谱的准确度。而亲本间适度的差异范围因不同物种而异，通常多态性高的异交作物可选择种内不同品种作杂交亲本，而多态性低的自交作物则需选择不同种间或亚种间品种作杂交亲本。

（三）构建一个作图群体

筛选出的两个亲本，通过杂交获得 F_1，F_1 自交获得 F_2 群体，F_1 也可与两个亲本之一杂交获得回交群体（BC）。F_2 群体和 BC 群体是最常用的作图群体，其次是加倍单倍体（DH）群体和重组自交系（RIL）群体等。本实验采用 F_2 群体。作图群体大小（群体内所含个体数，或家系数）要适中，过大使工作量成倍增加，过小使作图精确度降低，一般一个 F_2 群体或一个 BC 群体需要 $100\sim200$ 个单株。

（四）作图群体中不同个体（或系）的 DNA 多态性的电泳分析

以 F_2 群体为例，除了提取 F_2 群体中每个单株的 DNA 外，还需要提取该群体的两个亲本（P_1、P_2）和杂种（F_1）的 DNA，一般有 100 多个 DNA 样品；以各样品 DNA 为模板进行 SSR-PCR 扩增，PCR 产物进行电泳分离；以两个亲本（P_1、P_2）和杂种（F_1）电泳带型为对照，对 F_2 群体中的每个单株的电泳带型进行归类。因 SSR 标记属共显性标记，单株带型在 F_2 群体中只出现三种，一是与亲本 P_1 一样的带型，二是与亲本 P_2 一样的带型，三是与杂种 F_1 一样的带型，带型的理论比例是 $1:2:1$（SSR 多态性的电泳分析，可参见实验三十二）。随着标记数的增加，不同标记间会出现共分离现象，表明该标记间存在连锁，便可估算标记间的遗传距离，即连锁分析（见下文）。

（五）借助计算机程序（MAPMAKER 3.0）建立标记之间的连锁（本实验的主题）

1. 数据准备：分子标记数据，如 SSR 标记的电泳结果，按图 3-7 格式输入 Excel 表格。第一列为标记名称，如 T175、T93 和 C35 等的分子标记，每个标记名称前加"＊"号。标记名称后面的 A、B、H 和—为 F_2 群体中的各单株的标记带型，其中，"A"为某单株的电泳带型与亲本 P_1 一样的带型，"B"为与亲本 P_2 一样的带型，"H"为与杂种 F_1 一样的带型，"—"为某单株数据的缺失。

2. 将此数据另存为"文本文件（制表符分隔），SAMPLE.Txt"。

3. 打开文本文件，编写文本文件（图 3-8）。文本数据文件的第一行顶格输入以下内容："data type f2 intercross"，即数据类型为两个亲本 P_1 和 P_2 杂交获得的 F_1 再经自交后的 F_2 群体。第二行输入的格式是：第一个数值是 F_2 群体所包含的单株数，第二个数值是分子标记数，第三个数值是测定的数量性状的数目。如图 3-8 所示的"333 12 1"分别表示 F_2 群体是由

333 个单株组成，检测到多态性的分子标记有 12 个，测定了 1 个数量性状。

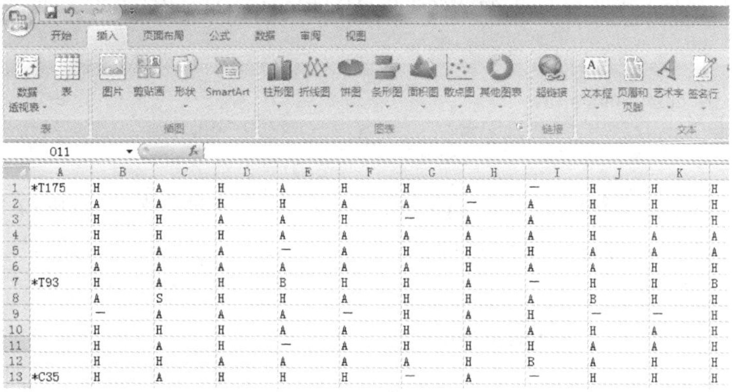

图 3-7　分子标记数据的输入格式

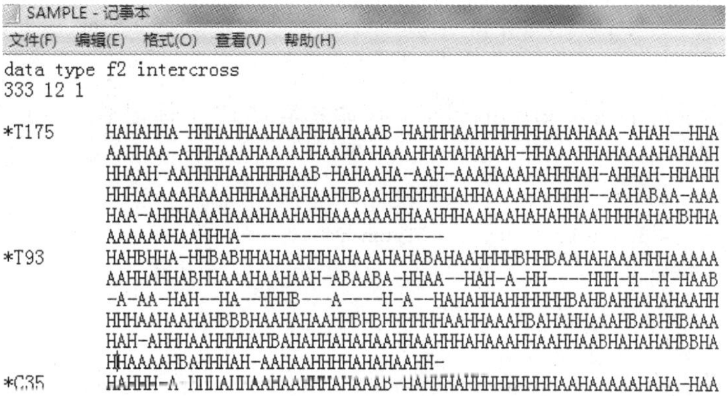

图 3-8　分子标记数据文本文件的格式

4. 启动 MAPMAKER/EXP(3.0b)，找到应用程序 Mapmaker 并打开，计算机进入 DOS 状态，可见到如图 3-9 所示界面。

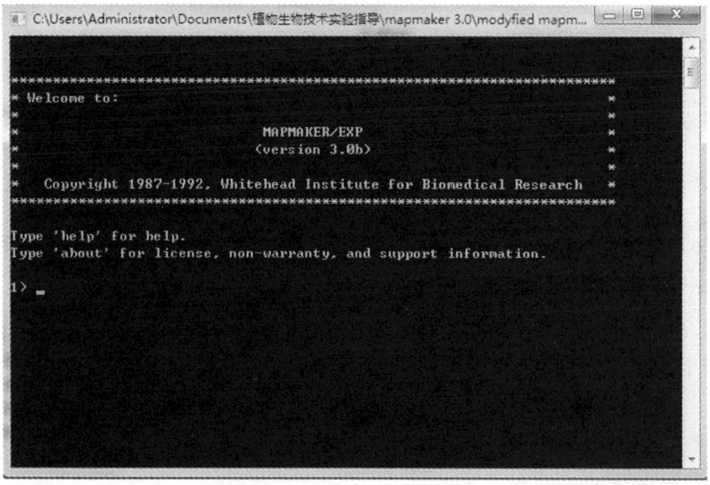

图 3-9　DOS 状态界面

5. 在 DOS 提示符下输入 prepare data（或 pd）sample. raw，回车。该命令导入原始数据（图 3-8）并进行预处理。注：若要了解 MAPMAKER/EXP（3.0b）中的其他操作命令，可输入"help"命令了解。

```
1> prepare data sample.raw
data from 'sample.raw' are loaded
  F2 intercross data  (333 individuals, 12 loci)
```

6. 在 DOS 提示符下输入 photo tutorial. out，回车。该命令将后面的操作及结果保存在一个文本文件中，以便核查整个操作过程。

```
2> photo tutorial. out
photo' is on: file is 'tutorial.out'
```

7. 在 DOS 提示符下输入 sequence 1 2 3 4 5 6 7 8 9 10 11 12，回车。该命令定义 12 个标记进行连锁分析。

```
3> sequence 1 2 3 4 5 6 7 8 9 10 11 12
sequence #1= 1 2 3 4 5 6 7 8 9 10 11 12
```

8. 在 DOS 提示符下输入 group，回车。该命令是对 12 个标记通过两点分析来推测可能存在的两个连锁群。

```
4> group
Linkage Groups at min LOD 3.00, max Distance 50.0

group1= 1 2 3 5 7
-------
group2= 4 6 8 9 10 11 12
```

9. 在 DOS 提示符下输入 make chromosome one two，回车，将推测的两个连锁群分别定义为染色体 1 和染色体 2。

```
5> make chromosome one two
chromosomes defined: one two
```

10. 在 DOS 提示符下输入 sequence group1，回车，先分析连锁群 1（染色体 1）。

```
6> sequence group1
sequence #2= group1
```

11. 在 DOS 提示符下输入 anchor one，回车，锚定连锁群的 5 个标记于染色体 1 上。

```
7> anchor one
1    - anchor locus on one
2    - anchor locus on one
3    - anchor locus on one
5    - anchor locus on one
7    - anchor locus on one
chromosome one anchor(s): T175 T93 C35 C66 T50B
```

12. 在 DOS 提示符下输入 sequence {1 2 3 5 7}，回车。对第 1 连锁群的 5 个标记在排序前进行定义。

```
8> sequence {1 2 3 5 7}
sequence #3= {1 2 3 5 7}
```

13. 在 DOS 提示符下输入 compare，回车。该命令是对某个特定的序列计算最大似然值，并从大到小排出前 20 个（默认值）最优位点顺序。经排序，第 1 连锁群的 5 个标记最优顺序是 1 3 2 5 7。

```
9> compare

Best 20 orders:
1:      1 3 2 5 7   Like:  0.00
2:      3 1 2 5 7   Like: -6.00
3:      5 7 2 3 1   Like: -20.20
4:      5 7 2 1 3   Like: -26.26
5:      2 5 7 3 1   Like: -27.25
6:      2 5 7 1 3   Like: -28.39
7:      2 3 1 5 7   Like: -28.85
8:      5 2 3 1 7   Like: -32.33
9:      2 1 3 5 7   Like: -34.12
10:     5 7 1 3 2   Like: -35.55
11:     5 2 1 3 7   Like: -37.61
12:     1 3 5 2 7   Like: -37.76
13:     3 1 5 2 7   Like: -39.09
14:     5 7 3 1 2   Like: -40.38
15:     1 3 5 7 2   Like: -40.87
16:     3 1 5 7 2   Like: -41.55
17:     5 2 7 3 1   Like: -43.67
18:     5 2 7 1 3   Like: -44.78
19:     5 1 3 2 7   Like: -47.63
20:     2 5 3 1 7   Like: -52.28
order1 is set
```

14. 在 DOS 提示符下输入 sequence 1 3 2 5 7，回车，对第 1 连锁群的 5 个标记在作图前进行定义。

```
10> sequence 1 3 2 5 7
sequence #4= 1 3 2 5 7
```

15. 在 DOS 提示符下输入 map，回车，对第 1 连锁群的 5 个标记最优顺序排列进行作图，计算两两标记间的图距，单位为厘摩（cM）。

```
11> map
===================================================================
Map:
  Markers          Distance
    1  T175          4.2 cM
    3  C35          15.0 cM
    2  T93          11.9 cM
    5  C66          12.2 cM
    7  T50B         ----------
                    43.3 cM    5 markers    log-likelihood= -424.94
===================================================================
```

16. 在 DOS 提示符下输入 framework one，回车，框架连锁群 1 中的标记在染色体 1 上。

```
12> framework one
setting framework for chromosome one...
===================================================================
one framework:

  Markers          Distance
    1  T175          4.2 cM
    3  C35          15.0 cM
    2  T93          11.9 cM
    5  C66          12.2 cM
    7  T50B         ----------
                    43.3 cM    5 markers    log-likelihood= -424.94
===================================================================
```

17. 在 DOS 提示符下输入 sequence group2，回车，对第 2 连锁群进行分析。

```
13> sequence group2
sequence #5= group2
```

18. 在 DOS 提示符下输入 anchor two,回车,锚定第 2 连锁群的 7 个标记于染色体 2 上。

```
14> anchor two
4   - anchor locus on two
6   - anchor locus on two
8   - anchor locus on two
9   - anchor locus on two
10  - anchor locus on two
11  - anchor locus on two
12  - anchor locus on two
chromosome two anchor(s): T24 T209 T125 T83 T17 C15 T71
```

19. 在 DOS 提示符下输入 sequence {4 6 8 9 10 11 12},回车,对第 2 连锁群的 7 个分子标记在排序前进行定义。

```
15> sequence {4 6 8 9 10 11 12}
sequence #6= {4 6 8 9 10 11 12}
```

20. 在 DOS 提示符下输入 compare,回车。经排序,第 2 连锁群的 7 个标记的最佳顺序是 4 11 8 12 9 6 10。

```
16> compare

Best 20 orders:
1:    4 11 8 12 9 6 10   Like:  0.00
2:    8 11 4 12 9 6 10   Like: -14.76
3:    11 8 4 12 9 6 10   Like: -19.65
4:    4 8 11 12 9 6 10   Like: -20.84
5:    4 11 8 12 9 10 6   Like: -21.09
6:    10 4 11 8 12 9 6   Like: -22.49
7:    10 6 9 4 11 8 12   Like: -25.54
8:    4 11 8 12 6 9 10   Like: -28.09
9:    4 11 8 12 10 6 9   Like: -30.20
10:   9 6 10 4 11 8 12   Like: -31.91
11:   10 6 4 11 8 12 9   Like: -34.58
12:   11 4 8 12 9 6 10   Like: -35.57
13:   8 11 4 12 9 10 6   Like: -35.85
14:   6 10 4 11 8 12 9   Like: -36.47
15:   10 9 6 4 11 8 12   Like: -37.22
16:   10 8 11 4 12 9 6   Like: -37.93
17:   4 11 8 12 10 9 6   Like: -38.35
18:   8 11 4 10 6 9 12   Like: -39.36
19:   10 6 9 8 11 4 12   Like: -39.53
20:   6 9 10 4 11 8 12   Like: -40.16
order1 is set
```

21. 在 DOS 提示符下输入 sequence 4 11 8 12 9 6 10,回车。这是对第 2 连锁群的 7 个分子标记在作图前进行定义。

```
17> sequence 4 11 8 12 9 6 10
sequence #7= 4 11 8 12 9 6 10
```

22. 在 DOS 提示符下输入 map,回车。这是对第 2 连锁群的 7 个标记最优顺序排列进行作图,计算两两标记间的图距,单位为厘摩(cM)。

```
18> map
=============================================================
Map:
   Markers          Distance
    4  T24           14.8 cM
   11  C15            6.4 cM
    8  T125          18.9 cM
   12  T71           24.0 cM
    9  T83           18.1 cM
    6  T209          28.6 cM
   10  T17          ----------
                    110.8 cM   7 markers  log-likelihood= -688.99
=============================================================
```

23. 在 DOS 提示符下输入 framework two,回车,框架连锁群 2 的标记在染色体 2 上。

```
19> framework two
setting framework for chromosome two...
==============================================================================
two framework:

        Markers            Distance
      4  T24              14.8 cM
     11  C15               6.4 cM
      8  T125             18.9 cM
     12  T71              24.0 cM
      9  T83              18.1 cM
      6  T209             28.6 cM
     10  T17             ---------
                         110.8 cM    7 markers   log-likelihood= -688.99
==============================================================================
```

24. 在 DOS 提示符下输入 list chromosome,回车,列出两条染色体及其所含标记数。

```
20> list chromosome

  Chromosome:  #Total   #Frame   #Anchors   #Placed   #Unique   #Region
     one         5         5         0         0         0         0
     two         7         7         0         0         0         0
     Total:     12        12         0         0         0         0
```

25. 在 DOS 提示符下输入 quit(或 q),回车,结束分子标记的连锁分析。

```
21> q
save data before quitting? [yes] y
saving map data in file 'sample.maps'... ok
saving two-point data in file 'sample.2pt'... ok

        ...goodbye...
```

五、注意事项

1. 遗传图谱中基于重组率所确定的遗传图距只能显示标记之间的相对距离,它并不能直接代表 DNA 的核苷酸对数。

2. 分离群体中各单株的电泳带型既可用英文字母(A、B、H 和—)表示,也可用数字(1、2、3 和—)等字符表示。

六、实验报告及思考题

1. 根据实验结果,画出分子标记连锁图。

2. 在 MAPMAKER/EXP(3.0b)软件中计算标记间遗传距离是根据什么原理计算出来的?

3. 为什么说用 MAPMAKER/EXP(3.0b)软件算得的标记间距离不等同于 DNA 序列的长度?

实验三十四　　数量性状位点(QTL)定位

一、实验目的

通过 MAPMAKER/QTL(1.1b)软件在遗传作图中的应用操作,掌握生物数量性状位点(QTL)在遗传连锁群(染色体)上定位的方法。

二、实验原理

植物性状常可分为质量性状和数量性状。质量性状在分离群体中各个体的性状表现呈不连续分布,可以根据其特性进行分类,如受寡基因控制的花色、叶色、雄性不育和抗病等性状。另有一类性状,在群体中呈连续分布,只能用数值来衡量其性状的表现,这类性状称为数量性状。农作物的很多重要农艺性状,如产量性状、品质性状、成熟期和抗逆水平等,一般表现为数量性状。数量性状受许多微效基因控制,也易受环境影响。

过去,经典的遗传分析方法难以将数量性状位点(QTL)定位在染色体上。现在,我们有了 DNA 分子标记连锁图谱后,就可以检测控制数量性状的染色体区间,将各个数量性状位点(QTL)定位在染色体上,即 QTL 的定位,也称为 QTL 作图。如果某个分子标记(以下简称标记)与某个 QTL 连锁,那么在杂交后代中,该标记与 QTL 之间就会发生一定程度的共分离。因此,QTL 定位就是寻找与数量性状位点相连的标记,将 QTL 逐一定位到连锁群的相应位置,并估计其遗传效应。目前,QTL 定位方法按分析所用标记来分,主要有单标记分析法和区间定位法。本实验采用区间定位法。

区间定位法(interval mapping,IM),是利用染色体上一个 QTL 两侧的一对标记,建立个体数量性状测量值对双侧标记基因型指示变量的线性回归关系。若回归关系显著,则表明该 QTL 存在,并能估计出该 QTL 的位置和效应。QTL 的基因型需根据其相邻双侧标记的基因型加以推测。这就涉及利用概率分布和正态分布的极大似然函数估计两标记间存在 QTL 的可能性和效应大小。回归模型的适合性检验通常采用似然比检验法,即存在 QTL 的概率对不存在 QTL 的概率之比(其对数为 LOD 值)。当 LOD 值超过某一临界阈值(一般为 2.0~3.0,最常用的是 3.0)时,可认为该区间存在 QTL。大多数 QTL 定位都涉及大量数据与连锁标记的统计分析,需要相应的统计分析软件。本实验利用 MAPMAKER/QTL(1.1b)软件和前一实验所得的分子标记连锁图谱对单株产量性状进行定位。

三、实验材料与用具

1. 数量性状数据:作图群体中各单株的数量性状的测量值,本实验是 F_2 群体中 333 个单株的单株产量(以 weight 表示)。

2. 分子标记连锁图谱:由前一实验(实验三十三)经 MAPMAKER/EXP(3.0b)软件分析获得的 SSR 分子标记连锁图。

3. 用具:台式计算机或笔记本电脑,以及作图软件 MAPMAKER/QTL(1.1b)。

四、实验步骤

（一）数据准备

1. 为了将前一实验获得的 SSR 分子标记连锁图的数据输入到 MAPMAKER/QTL (1.1b) 中，还需重新启动 MAPMAKER/EXP(3.0b)，打开 Mapmaker，进入 DOS 状态，在 DOS 提示符后面输入 load sample，回车，可见：

```
1> load sample
loading data from file 'sample.data... ok
  F2 intercross data  (333 individuals, 12 loci)... ok
loading two-point data from file 'sample.2pt'.... ok
```

2. 在 DOS 提示符后面输入 run sample.inp，回车，对数据进行批处理：

```
2> run sample.inp

      ...Running commands from input file 'sample.inp'...

3> make chromosome one two
chromosomes defined: one two

4> sequence 1
sequence #1= 1

5> anchor one
1    - anchor locus on chromosome one

                          <-- Output from batch file continues

      ...end of input file...
```

3. 在 DOS 提示符后面输入 quit，回车，退出 MAPMAKER/EXP(3.0b)，这时在作图软件文件夹中出现一个 samlpe.temp 文件，供下面 QTL 定位使用。

```
15> quit
save data before quitting? [yes] yes
saving map data in file 'sample.maps'... ok

      ...goodbye...
```

（二）用 **MAPMAKER/QTL（1.1b）** 软件对数量性状进行 **QTL** 定位

1. 在 MAPMAKER 3.0 软件中找到应用程序 QTLmap 并打开，在 DOS 提示符后面输入 load data sample.temp，回车，可见下面窗口，便输入了 QTL 分析所需的数据：

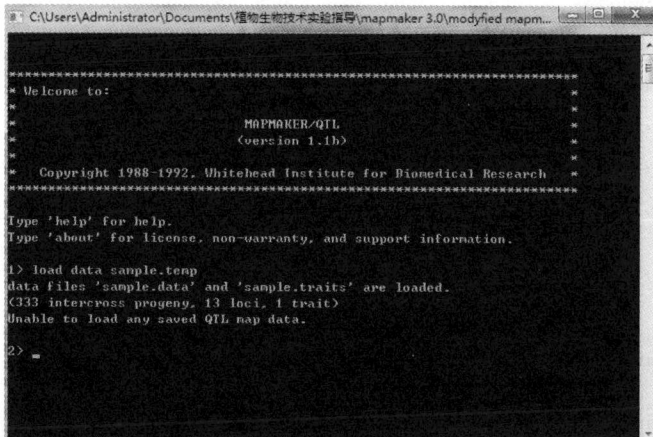

2. 在 DOS 提示符后面输入 photo quant.out,回车,该命令将后面的操作及结果保存在一个文本文件中,以便核查整个操作过程。

```
2> photo quant.out
'photo' is on. File is 'qtl.out'
```

3. 在 DOS 提示符后面输入 trait 1,回车,命令 MAPMAKER/QTL(1.1b)对一个被称为"weight"的数量性状进行分析。

```
3> trait 1
The current trait is now: 1 (weight)
```

4. 在 DOS 提示符后面输入 show trait,回车,显示该性状的次数分布。从中可看出,原始数据的分布是偏态的,但 QTL 分析需要正态分布,所以要对原始数据进行处理。

```
4> show trait

Trait 1 (weight):
-----------------------------------------------------------------------
distribution:                    quartile | fraction within n deviations:
mean   sigma  skewness kurtosis  ratio    | 1/4   1/2   1     2     3
6.11   3.51   1.59     3.53      0.83      | 0.23  0.42  0.75  0.95  0.99
-----------------------------------------------------------------------

 -0.91 |
  0.85 |
  2.60 |***********************
  4.35 |*******************************************
  6.11 |*******************************************************
  7.86 |******************************************
  9.61 |*********************
 11.37 |**************
 13.12 |********
 14.87 |****
```

5. 在 DOS 提示符后面输入 make trait logwt＝log(weight),回车,对原始数据进行对数处理,处理后的 logwt 分布接近正态分析,符合 QTL 分析的要求。

```
5> make trait logwt = log(weight)

New trait number 2 (logwt) had been added to the data set.
-----------------------------------------------------------------------
distribution:                    quartile | fraction within n deviations:
mean   sigma  skewness kurtosis  ratio    | 1/4   1/2   1     2     3
0.72   0.24   -0.06    -0.07     0.97      | 0.21  0.41  0.67  0.94  1.00
-----------------------------------------------------------------------

 0.25 |******
 0.36 |********
 0.48 |**************************
 0.60 |****************************************
 0.72 |*****************************************************
 0.84 |*****************************************************
 0.96 |*****************************************
 1.08 |************************
 1.20 |***********
 1.32 |*****
```

6. 在 DOS 提示符后面输入 sequence [all],回车,定义所有标记。

```
6> sequence [all]
The sequence is now '[all]'
```

7. 在 DOS 提示符后面输入 show linkage maps,回车,显示两个分子标记连锁群。

```
7> show linkage maps

linkage maps:
=====================================================
   1-3          4.2 cM      4.0 %
   3-2         15.0 cM     13.0 %
   2-5         11.9 cM     10.6 %
   5-7         12.2 cM     10.8 %
=====================================================
   4-11        14.8 cM     12.8 %
   11-8         6.4 cM      6.0 %
   8-12        18.9 cM     15.7 %
   12-9        24.0 cM     19.1 %
   9-6         18.1 cM     15.2 %
   6-10        28.6 cM     21.8 %
=====================================================
```

8. 在 DOS 提示符后面输入 list traits,回车,列出性状,这里有 2 种性状数据,1 是原始数据,2 是经对数处理后的数据 logwt(下面 QTL 分析均用此数据)。

```
8> list traits
=====================================================
TRAITS:

  1 weight
  2 logwt        = log(weight)
=====================================================
```

9. 在 DOS 提示符后面输入 sequence,回车,定义所有标记。

```
9> sequence
The sequence is '[all]'
```

10. 在 DOS 提示符后面输入 trait 2,回车,对 logwt 这个数量性状进行分析。

```
10> trait 2
The current trait is now: 2 (logwt)
```

11. 在 DOS 提示符后面输入 scan,回车,可发现 logwt 的 QTL 位于两个区间,一是染色体 1 的 2～5 区间(标记 2 与标记 5 之间,以下同),二是染色体 2 的 8～12 区间。

```
11> scan
QTL maps for trait 2 (logwt):
Sequence: [all]
LOD threshold: 2.00  Scale: 0.25 per '*'
No fixed-QTLs.
Scanned QTL genetics are free.


POS    WEIGHT  DOM     %VAR   LOG-LIKE |
----------------------------------------| 1-3 4.2 cM
0.0    -0.033  -0.072  4.7%   3.083    | *****
2.0    -0.053  -0.048  4.5%   2.814    | ****
4.0    -0.067  -0.022  3.8%   2.474    | **
----------------------------------------| 3-2 15.0 cM
0.0    -0.068  -0.021  3.8%   2.442    | **
2.0    -0.076  -0.023  4.8%   2.873    | ****
4.0    -0.080  -0.029  5.8%   3.291    | ******
6.0    -0.081  -0.036  6.6%   3.667    | *******
8.0    -0.081  -0.041  7.2%   3.983    | ********
10.0   -0.079  -0.046  7.4%   4.228    | *********
12.0   -0.077  -0.048  7.4%   4.395    | **********
14.0   -0.075  -0.048  7.1%   4.483    | **********
----------------------------------------| 2-5 11.9 cM
0.0    -0.073  -0.048  6.8%   4.500    | **********
2.0    -0.079  -0.048  7.7%   4.755    | ************
4.0    -0.084  -0.046  8.2%   4.912    | ************
6.0    -0.088  -0.043  8.4%   4.969    | ************
8.0    -0.088  -0.041  8.2%   4.920    | ************
10.0   -0.087  -0.038  7.7%   4.757    | ************
----------------------------------------| 5-7 12.2 cM
0.0    -0.083  -0.034  6.8%   4.501    | **********
2.0    -0.084  -0.037  7.2%   4.427    | **********
4.0    -0.084  -0.038  7.3%   4.236    | *********
6.0    -0.081  -0.038  6.9%   3.931    | ********
8.0    -0.077  -0.036  6.2%   3.526    | *******
10.0   -0.071  -0.032  5.2%   3.046    | *****
12.0   -0.063  -0.026  4.0%   2.535    | ***
----------------------------------------|
----------------------------------------| 4-11 14.8 cM
0.0    -0.102  -0.007  9.0%   5.645    | **************
2.0    -0.110  -0.008  10.4%  6.159    | *****************
4.0    -0.116  -0.008  11.4%  6.584    | ******************
6.0    -0.119  -0.007  12.1%  6.897    | ********************
8.0    -0.120  -0.006  12.3%  7.083    | ********************
10.0   -0.120  -0.005  12.1%  7.135    | ********************
12.0   -0.117  -0.006  11.4%  7.054    | *******************
14.0   -0.111  -0.009  10.4%  6.853    | ******************
----------------------------------------| 11-8 6.4 cM
0.0    -0.109  -0.010  9.9%   6.752    | ******************
2.0    -0.118  -0.012  11.4%  7.418    | ******************
4.0    -0.122  -0.014  12.0%  7.802    | ***********************
6.0    -0.122  -0.016  11.8%  7.932    | ************************
```

```
-----------------------------------|8-12 18.9 cM
0.0    -0.121   -0.016   11.7%   7.931  |**********************
2.0    -0.130   -0.014   13.6%   8.409  |***********************
4.0    -0.136   -0.011   15.1%   8.753  |************************
6.0    -0.140   -0.009   16.0%   8.926  |*************************
8.0    -0.140   -0.009   16.3%   8.914  |*************************
10.0   -0.138   -0.010   16.0%   8.723  |*************************
12.0   -0.134   -0.013   15.2%   8.369  |***********************
14.0   -0.128   -0.016   13.9%   7.880  |**********************
16.0   -0.119   -0.020   12.2%   7.292  |*********************
18.0   -0.109   -0.022   10.3%   6.647  |*******************
-----------------------------------|12-9 24.0 cM
0.0    -0.104   -0.022    9.5%   6.357  |******************
2.0    -0.106   -0.022    9.8%   6.123  |*****************
4.0    -0.107   -0.021   10.0%   5.825  |*****************
6.0    -0.107   -0.020    9.9%   5.461  |***************
8.0    -0.105   -0.019    9.7%   5.032  |**************
10.0   -0.102   -0.018    9.1%   4.543  |************
12.0   -0.097   -0.017    8.3%   4.004  |*********
14.0   -0.090   -0.015    7.2%   3.434  |******
16.0   -0.082   -0.013    5.9%   2.856  |****
18.0   -0.072   -0.011    4.6%   2.301  |**
20.0   -0.062   -0.008    3.4%   1.798  |
22.0   -0.052   -0.006    2.3%   1.365  |
24.0   -0.042   -0.003    1.6%   1.010  |
-----------------------------------|9-6 18.1 cM
0.0    -0.042   -0.003    1.5%   1.003  |
2.0    -0.045   -0.010    1.8%   1.078  |
4.0    -0.049   -0.018    2.2%   1.171  |
6.0    -0.052   -0.027    2.6%   1.275  |
8.0    -0.054   -0.034    3.0%   1.375  |
10.0   -0.055   -0.040    3.2%   1.457  |
12.0   -0.055   -0.044    3.3%   1.505  |
14.0   -0.053   -0.046    3.1%   1.515  |
16.0   -0.051   -0.045    2.8%   1.487  |
18.0   -0.048   -0.043    2.4%   1.428  |
-----------------------------------|6-10 28.6 cM
0.0    -0.047   -0.043    2.4%   1.423  |
2.0    -0.048   -0.046    2.7%   1.378  |
4.0    -0.047   -0.048    2.9%   1.310  |
6.0    -0.046    0.049    3.0%   1.217  |
8.0    -0.045   -0.048    2.9%   1.099  |
10.0   -0.043   -0.046    2.7%   0.960  |
12.0   -0.040   -0.041    2.4%   0.807  |
14.0   -0.036   -0.034    1.9%   0.651  |
16.0   -0.032   -0.025    1.4%   0.506  |
18.0   -0.028   -0.015    0.9%   0.383  |
20.0   -0.025   -0.006    0.6%   0.291  |
22.0   -0.022    0.002    0.4%   0.231  |
24.0   -0.020    0.009    0.4%   0.199  |
26.0   -0.018    0.015    0.3%   0.190  |
28.0   -0.017    0.020    0.3%   0.199  |
-----------------------------------
Results have been stored as scan number 1
```

12. 在 DOS 提示符后面输入 draw scan,回车,即将上述分析结果画成图,如图 3-10 所示(打开保存的 PDF 文件 scan1_1),横坐标为标记间的距离,纵坐标为区间的 LOD 值。从图 3-10中可看出,logwt 性状的 QTL 可被定位在 LOD 峰下的区间,即在染色体 1 上的 2~5 区间,以及在染色体 2 上的 8~12 区间。

```
12> draw scan
scan 1.1 saved in PostScript file 'scan1_1.ps'
```

LOD score-Trait 2(logwt)

LOD score-Trait 2(logwt)

染色体 1

标记间的距离 (cM)

染色体 2

标记间的距离 (cM)

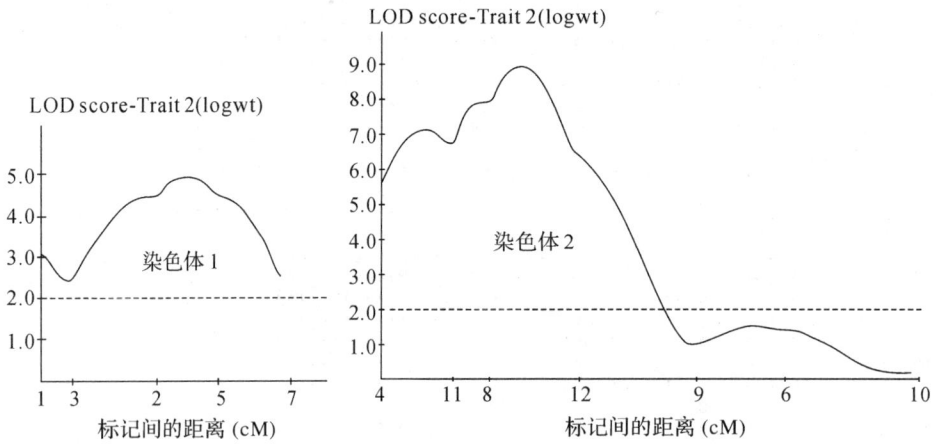

图 3-10　QTL 分析的 LOD 似然图

13. 在 DOS 提示符后面输入 sequence［2］,回车,定义染色体 1 上的 2～5 之间。

```
17> sequence [2]
The interval-list is '[2]'
```

14. 在 DOS 提示符后面输入 map,回车,将 logwt 性状 QTL 定位在染色体 1 上的 2～5 区间的距 2 为 5.9cM 处。

```
18> map
================================================================
QTL map for trait 2 (logwt):

INTERVAL   LENGTH  QTL-POS  WEIGHT  DOMINANCE
2-5        11.9    5.9      -0.0874 -0.0435

chi^2= 22.883 (2  D.F.)         log-likelihood= 4.97
mean= 0.805   sigma^2= 0.052  variance-explained= 8.4 %
================================================================
```

15. 在 DOS 提示符后面输入 sequence［8］,回车,定义染色体 2 上的 8～12 之间。

```
19> sequence [8]
The sequence is now '[8]'
```

16. 在 DOS 提示符后面输入 map,回车,将 logwt 性状 QTL 定位在染色体 2 上的 8～12 区间的距 8 为 7.3cM 处。

```
20> map

================================================================
QTL map for trait 2 (logwt):

INTERVAL   LENGTH  QTL-POS  WEIGHT  DOMINANCE
8-12       18.9    7.3      -0.1405 -0.0086

chi^2= 41.169 (2  D.F.)         log-likelihood= 8.94
mean= 0.866   sigma^2= 0.047  variance-explained= 16.3%
================================================================
```

17. 在 DOS 提示符后面输入 quit,回车,结束 QTL 的定位分析。

```
31> quit
Do you really want to quit? [no] yes
Now saving sample.qtls...
Now saving sample.traits...

Goodbye...
```

五、注意事项

1. 用 MAPMAKER/QTL(1.1b)软件也可估计 QTL 的遗传效应(显性、隐性和加性效应),有兴趣的同学可在本实验中输入相关命令(如 sequence [3-7: try],scan,show trys 等命令)就可实现。

2. 若某个数量性状的 QTL 被定位在某个染色体上的两个 DNA 分子标记之间,即表明该 QTL 与该两个标记(DNA 片段)存在连锁关系,即在杂交后代的群体中标记与 QTL 间存在共分离现象,理论上就可通过选择 DNA 分子标记来选择该数量性状,但由于数量性状易受环境影响,其效果也易受干扰。

六、实验报告及思考题

1. 根据实验结果,画出 QTL 与分子标记的连锁图。

2. 如何根据分子标记连锁图选择数量性状?

3. 与质量性状的分子标记比较,数量性状(QTL)的分子标记有何特点?

主要参考文献

[1] 张献龙.植物生物技术[M].2 版.北京:科学出版社,2012.

[2] 田长恩.生物工程上游技术实验手册[M].北京:科学出版社,2010.

[3] 梁红.生物技术综合实验教程[M].北京:化学工业出版社,2010.

[4] 栾雨时,包永明.生物工程实验技术手册[M].北京:化学工业出版社,2005.

[5] 陈丽静,郭志富.生物技术实验教程[M].北京:中国农业大学出版社,2012.

[6] 钟鸣,马慧.生物技术实验指导[M].北京:中国农业大学出版社,2008.

[7] 王蒂.植物组织培养实验指导[M].北京:中国农业出版社,2008.

[8] 郭仰东.植物细胞组织培养实验教程[M].北京:中国农业大学出版社,2009.

[9] 何光源.植物基因工程实验手册[M].北京:清华大学出版社,2007.

[10] 殷武.基因工程实验:Annexin V-EGFP 重组蛋白质的克隆表达与检测[M].北京:科学出版社,2013.

[11] 王廷华,董坚,习杨彦彬.基因克隆理论与技术[M].3 版.北京:科学出版社,2013.

[12] 周延清.DNA 分子标记技术在植物研究中的应用[M].北京:化学工业出版社,2005.

[13] 崔世友,孙明法.分子标记辅助选择导论[M].北京:中国农业科学技术出版社,2014.

[14] Neumann K H, Kumar A, Imani J. Plant Cell and Tissue Culture-A Tool in Biotechnology[M]. Springer-Verlag Berlin Heidelberg, 2009.

[15] Bhojwani S S, Dantu P K. Plant Tissue Culture: An Introductory Text[M]. Springer India, 2013.

[16] Jones H. Plant Gene Transfer and Expression Protocols [M]. Humana Press Inc, 1995.

[17] Wang K. Agrobactcrium Protocols[M]. 2nd ed. Humana Press Inc, 2006.

[18] Peña L. Transgenic Plants: Methods and Protocols[M]. Humana Press Inc, 2005.

[19] Boopathi N M. Genetic Mapping and Marker Assisted Selection: Basics, Practice and Benefits[M]. Springer India, 2013.

[20] Lörz H and Wenzel G. Molecular Marker Systems in Plant Breeding and Crop Improvement[M]. Springer-Verlag Berlin Heidelberg, 2005.